植物の歳時記　春・夏

植物の歳時記

春・夏

斎藤新一郎著

八坂書房

はじめに

「身近な植物」というタイトルで、私が、月刊誌に画文（ペン画および随筆）を投稿してきて、昨年で三〇〇回に到達した。ほぼ三〇年間、毎月一枚、ペン画を描いてきたことになる。

私のペン画は方眼紙に実物大で、自己流の点打ち技法による、身近な植物を対象としたものであり、描くことで、植物をよりよく覚え、技法も少しずつ上達した、といえる。また、一応、樹木形態学や森林生態学の研究者として、正確に描いてきたつもりである。一枚描くのに、ふつう、二～三時間であるが、一五時間も費やした、私としては力作もある。眼と手を使い、図鑑に相談し、菜園を漁り、時間をかけて覚えてきたのである。俳句を探し、季語も覚えた。継続は美徳である、といえそうである。

ボタニカル・アート、絵手紙など、植物を描く方々が多くなってきた。環境保全を考える時代であり、酸素を放出する植物に親しみ、感謝することでもあって、たいへん喜ばしいことである。ペン画という、黒一色の線と点の画が、いくらかでも、こうした方々の植物を知る参考になれば幸甚である。

本書の出版にあたり、句会誌『アカシア』における「身近な植物」の連載に、ご芳情を賜った、アカシア俳句会主宰および編集長の故土岐錬太郎氏、並びに岡澤康司、松倉ゆずる、吉田つよしの各位に、深く感謝の意を表する。また、本書の出版には八坂書房社長八坂立人氏、並びに編集部の中居恵子さんに、たいへんお世話になった。

二〇〇三年　春

斎藤　新一郎

*目　次

早春―春の植物

〈木本〉

初夏—夏の植物

四季の三区分は二十四節気によったが、著者の暮らす北海道の地に合わせ、登場する植物も文章も、冬が長く、春が遅く、秋が早い傾向にある。

春＝立春（二月四日ころ）～立夏の前日（五月五日ころ）まで
初春：立春（二月四日）～啓蟄の前日（三月五日ころ）
仲春：啓蟄（三月六日ころ）～清明の前日（四月四日ころ）
晩春：清明（四月五日ころ）～立夏の前日（五月五日ころ）
三春：春全体にわたる。初春・仲春・晩春の総称。

夏＝立夏（五月六日ころ）～立秋の前日（八月七日ころ）まで
初夏：立夏（五月六日ころ）～芒種の前日（六月五日ころ）
仲夏：芒種（六月六日ころ）～小暑の前日（七月六日ころ）
晩夏：小暑（七月七日ころ）～立秋の前日（八月七日ころ）
三夏：夏全体にわたる。初夏・仲夏・晩夏の総称。

秋＝立秋（八月八日ころ）～立冬の前日（一一月六日ころ）まで
初秋：立秋（八月八日ころ）～白露の前日（九月七日ころ）
仲秋：白露（九月八日ころ）～寒露の前日（一〇月七日ころ）
晩秋：寒露（一〇月八日ころ）～立冬の前日（一一月六日ころ）
三秋：秋全体にわたる。初秋・仲秋・晩秋の総称。

冬＝立冬（一一月七日ころ）～立春の前日（二月三日ころ）まで
初冬：立冬（一一月七日ころ）～大雪の前日（一二月六日ころ）
仲冬：大雪（一二月七日ころ）～小雪の前日（一月四日ころ）
晩冬：小雪（一月五日ころ）～立春の前日（二月三日ころ）
三冬：冬全体にわたる。初冬・仲冬・晩冬の総称。

早春――春の植物

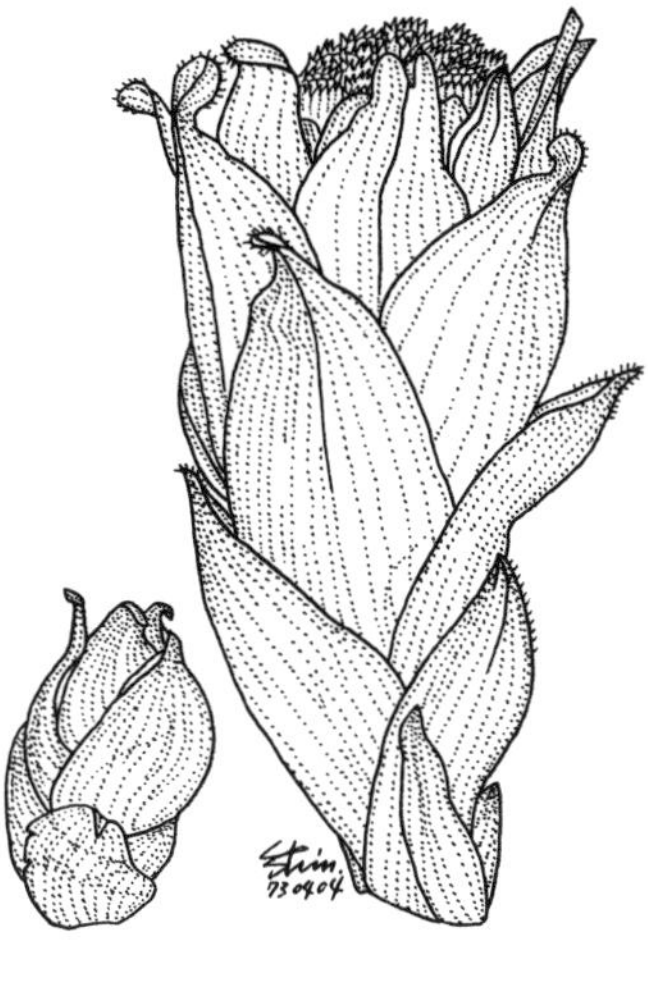

オランダイチゴ

和蘭苺

伊勢原での、母の見舞いの一日であった。農協の直売所には、サトイモ、サツマイモ、ワケギ、長ネギ、シイタケ、ミカン、キャベツ、白菜、ほかが並んでいたが、目的のイチゴは、早々に売り切れであった。しかし、その日、生家での夕食のデザートに、大粒のイチゴがでた。

イチゴ類のうち、ふつう、イチゴといって食べる種は、バラ科、オランダイチゴ属の草本であり、特に栽培種のオランダイチゴ（和蘭苺）、つまりストロベリーである。その名のとおり、ヨーロッパで改良され、江戸時代にオランダから渡来した。現在の栽培品種は、明治時代以降の導入品種を、わが国で、さらに改良したものである。

この果実に見える部分は、花托《かたく》の肥大したもの（偽果《ぎか》）である。真の果実は、その表面の、種子のような点粒（痩果《そうか》）であって、多数の小さい花の集合体（花序）が、一つの偽果（イチゴ状果）になった。

促成栽培の品種では、福羽がよく知られ、石垣苺といえば、ほとんどがこれであった。日当たりのよい傾斜地に、一〇月ころ、玉石やコンクリートブロックを積み上げて、石垣をつくり、一～四月に出荷していた。近年、ビニールシートの普及から、石垣方式はポリマルチ方式に取って代わられてきているらしい。

イチゴは、傷つきやすく、輸送がむずかしい。そこで、品種改良により、傷みにくく、大きく、色のよいものがつくりだされてきた。この絵は、最近つくられた品種「麗香」である。

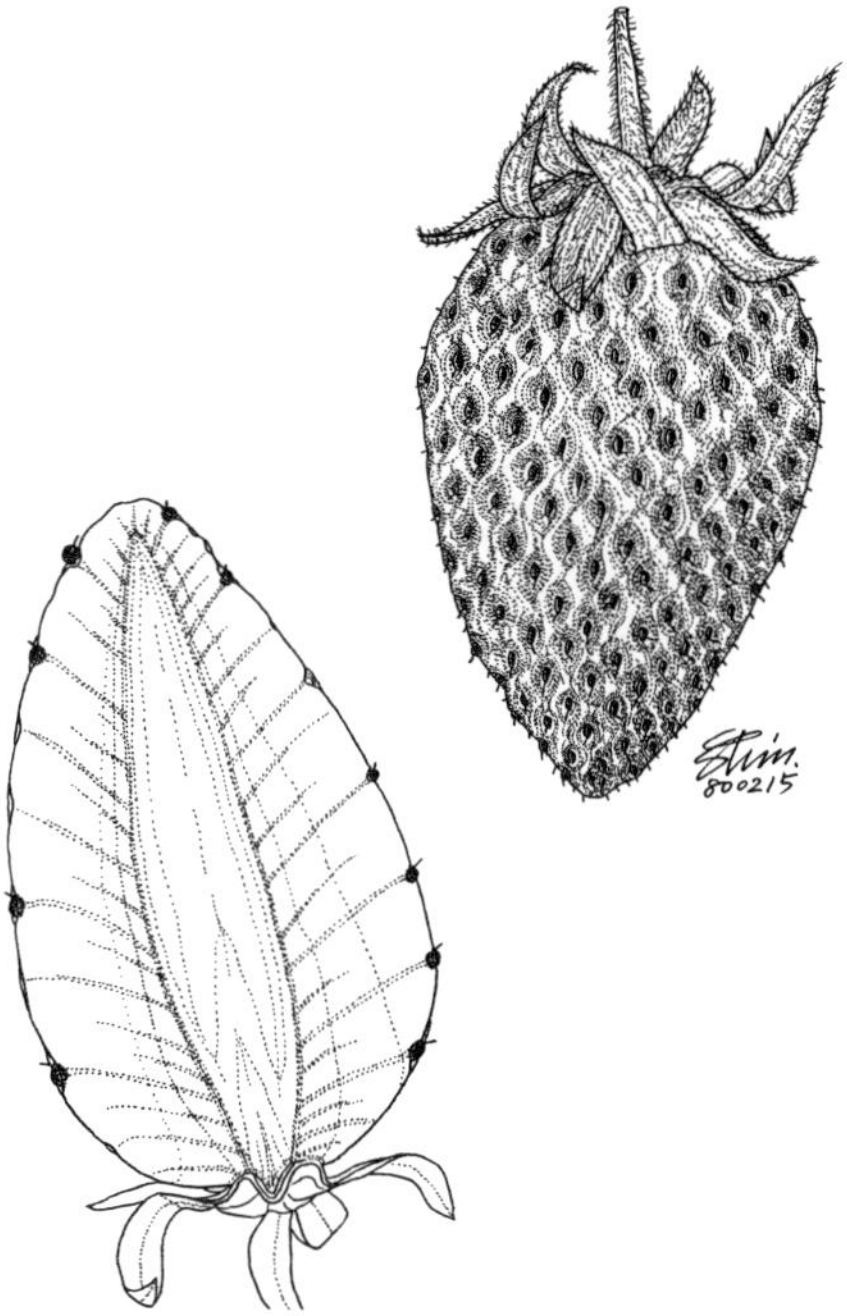

朝日濃し苺は籠に摘みみちて　杉田　久女

日の色のあふるる石垣苺かな　紺屋　晋

◆学名　*Fragaria × ananassa*

◆科属　バラ科オランダイチゴ属

◆季語　晩春；苺《いちご》の花《はな》、花苺《はないちご》、草苺《くさいちご》の花《はな》、初夏；苺《いちご》、覆盆子《いちご》、草苺《くさいちご》、苺摘《いちごつ》み、苺畑《いちごばたけ》、三冬；冬《ふゆ》の苺《いちご》、石垣苺《いしがきいちご》、冬苺《ふゆいちご》

あさつき　浅葱・・・・・・・・・・・・・・・・・・・

Sさん、これ、食べてみませんか？　かみさんの家から送ってきたんですよ、アサツキです、と言いながら、S君が、パックを二つ職場にもってきてくれた。

うん、ありがとう。東北の、今ごろのアサツキは、おいしいんだよねー。数年前、冬の秋田で、これがすごくおいしかったよ。味噌つけて、かじる、というものなんだよ、食べる、というよりも。

帰宅して、三株ほど抜いてから、アサツキを妻に渡した。パックを開いて、すぐに、皮むきがはじまり、家中に、ネギ類に特有の匂いが広がった。色、形ばかりでなく、最近の蔬菜には、匂い、香りが乏しい。個性を喪失した感が強い。ネギ類は、なお匂いを放ち続けていて、涙もでる、すばらしい蔬菜である。たとえ、あくが強いといわれようとも、人間も、個性豊かに生きたい、と思う。

アサツキは、ユリ科、ネギ属の草本であり、地下に細長い鱗茎《りんけい》をもつ。中部日本以北に自生しているけれども、蔬菜として栽培され、野生のものより大型となっていて、葉や鱗茎が食用になる。土寄せをして、軟白栽培とし、春採り、早春採り、冬採りなどをする。この鱗茎の分《ぶん》げつ力は、たいへん大きい。

アサツキの漢字は、浅葱であり、浅つ葱である。葱はキであって、葱《ねぎ》を意味する。ネギに比較して、これが淡い緑色をしているためである。それゆえ、浅葱色はアサツキ色であって、浅黄色ではない。

若菜売来て燦々と日の三和土　小阪　順子（三和土＝たたき）

浅葱の沈む水愚痴を捨つ　岡澤　康司

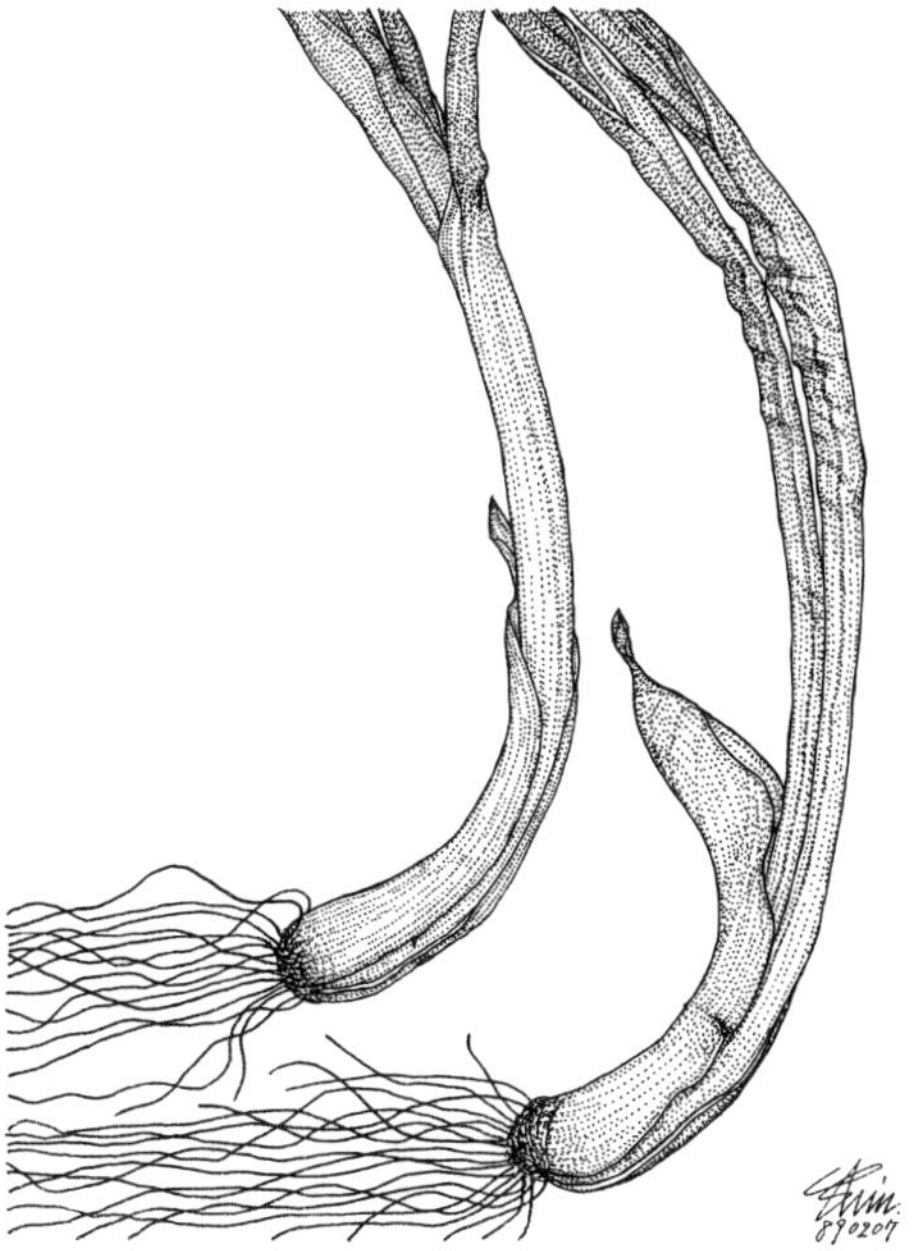

◆学名　*Allium schoenoprasum*

◆科属　ユリ科ネギ属

◆季語　仲春；胡葱《あさつき》、糸葱《いとねぎ》、千本分葱《せんぼんわけぎ》、せんぶき

えのきたけ　榎茸

湿り雪の降る夜に、夜勤の妻を送り、帰り道に、スーパー店に立ち寄った。もう、閉店に近い時間であったので、野菜コーナーの品じなは、片づけられはじめていた。大豆もやしが主題の絵本『だいず　えだまめ　まめもやし』に取り組んでいるところなので、豆もやし一袋を求め、ついでに、エノキタケも一袋買い求めた。

このごろでこそ、本来の名前エノキタケ（榎茸）で売られているけれども、ひところ、ナメタケという、ナメコ紛《まが》いの名前で売られていた。特に、佃煮風の瓶詰めが、であった。紛い名は、エノキタケにとっても不幸なことである。

このエノキタケは、暗いところで、瓶詰めの培地から伸びたものであり、工場生産された、もやしエノキタケともいうべきものである。瓶の口から、細長い茎が伸び上がり、頂きに小さな傘をつけて、次から次へ、予備の幼茎が続いている。

エノキタケは、シメジ科であり、シイタケ、ヒラタケ、タモギタケと同じ科である。本来的には、これは、落葉広葉樹の枯れ木に群になって生じ、傘の直径が二～七センチになる。傘は黄褐色から栗褐色をし、茎は、上部が淡黄褐色をし、下部が黒褐色である。どうも、色白の、あるいは生気の乏しいもやし品とは、まったく別の茸のように思われる。

翌日、冷蔵庫からだして、一部をスケッチしていたら、わが家のコックさんが、残りの大部分を、さっさと味噌汁の具にしてしまった。解説のための待ったなし、であった。

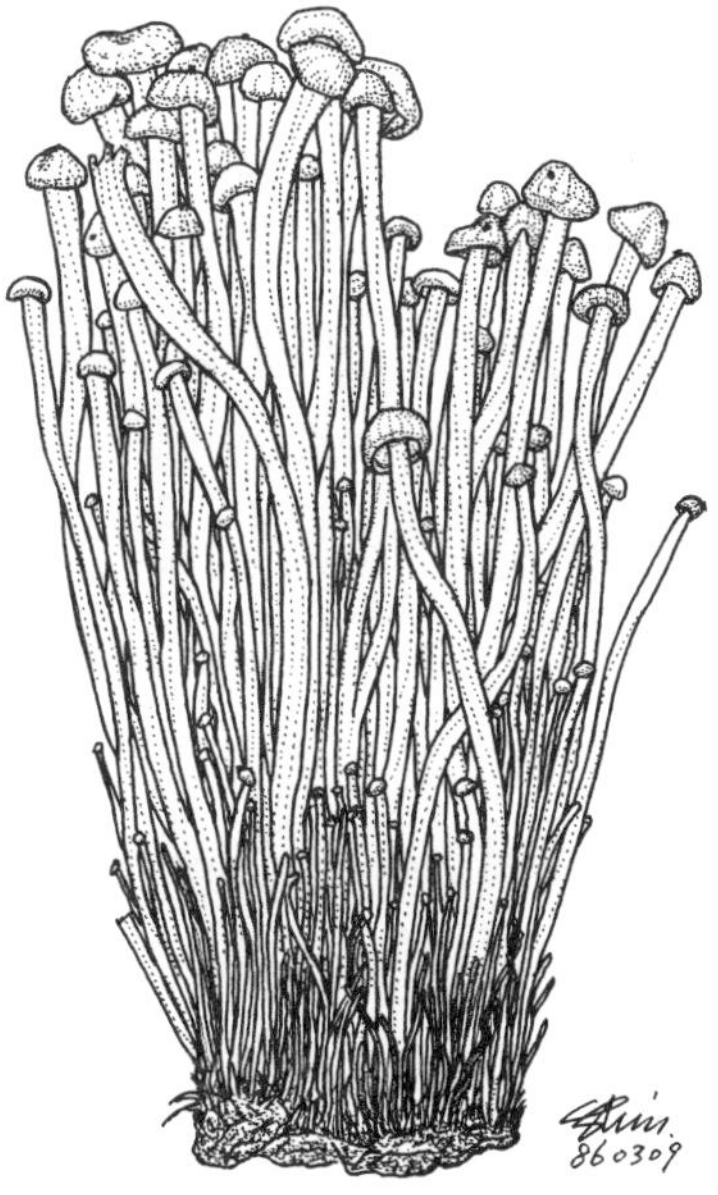

朽ち木となおぼしめされそ榎茸　服部　嵐雪

木漏れ陽の背にふとぬくし茸採る　高桑　白草

◆学名　*Flammulina velutipes*
◆科属　シメジ科エノキタケ属
◆季語　初冬；榎茸《えのきたけ》

チューリップ・・・・・・・・・・・・・・・・・・

温室栽培が盛んになり、若い女性が多い事務室にはいろいろな花が飾られ、春が先取りされている。そして、色とりどりの形もさまざまな花ばなについて、私には、名前がわかる方が少ないのである。尋ねられても、野生の草花でないから、科や属くらいしかわからないし、その分類における所属の科がまったくわからない草花もある。科も属も、種さえわかっても、品種名がわからない。

今回も、N嬢から、花器ごと借りて、年度末でレポートや原稿を書くことに忙しいのであるが、サボることも息抜きであるから、ということにして、ペンを握った。対象は、はじめて描いたのであるが、春の花としてはお馴染みのチューリップである。これは、栽培の歴史、品種改良、球根の生産量、取引、国際的な流通の量などから、もっとも重要な球根花卉であるらしい。

チューリップは、ユリ科、チューリップ属の多年生草で、球根をもち、中央アジアから北アフリカに広く分布して、約一五〇種もあるらしい。ただし、園芸的に栽培される種数は、二〇程度である。もともと、トルコで古くから栽培されてきて、それがいくつかの野生種からの園芸雑種（ガーデンチューリップ）であり、ヨーロッパに導入されてから、熱狂的に栽培されたこともあった。今日では、二〇〇〇品種ほどがリストアップされていて、一一系統の園芸品種に分類されている。

チューリップ勝手に咲かせ農繁期　松倉ゆずる

子の便り読むやテレビにチューリップ　森　富枝

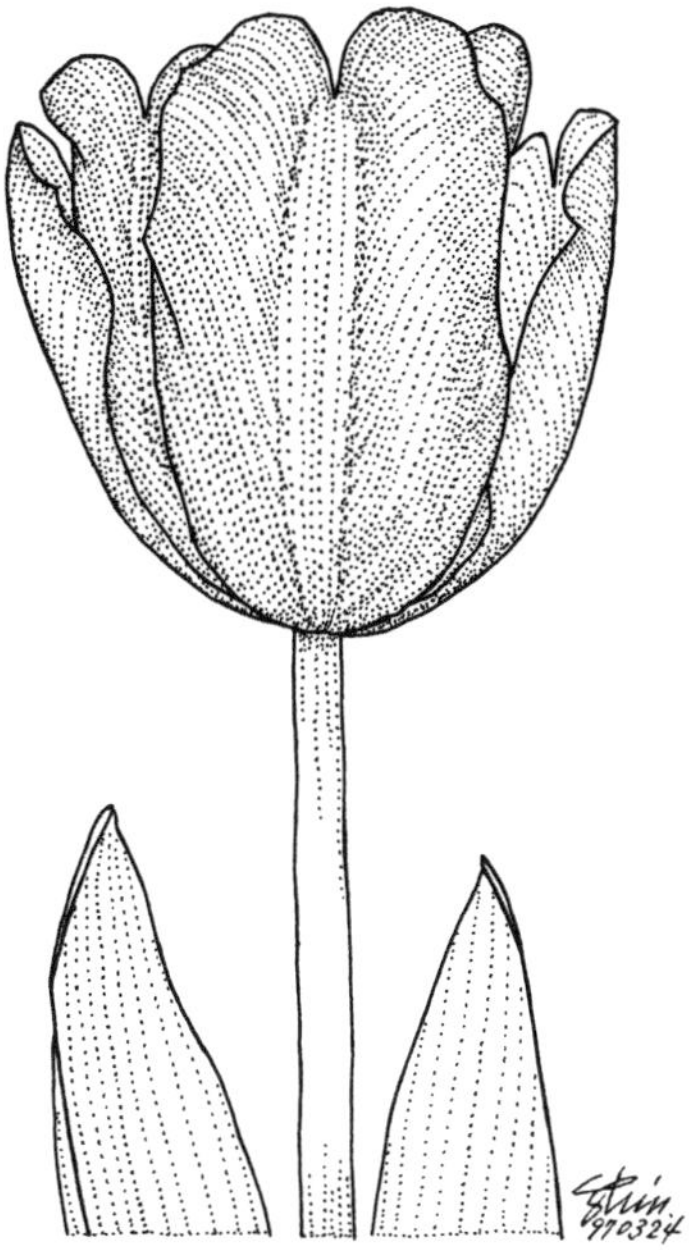

◆学名　*Turipa*

◆科属　ユリ科チューリップ属

◆季語　晩春；チューリップ、鬱金香《うこんこう》、牡丹百合《ぼたんゆり》

グロリオーサ

三月中旬の、第二期の入学試験の採点・合否判定の日々に、事務部教務課の部屋の一隅に、見慣れない花が飾ってあった。雄ずいが六本、雌ずいが一本、花弁（花被片《かひへん》）が六枚であり、どうやら、ユリ科らしい、と推測できた。しかし、花が下向きに咲き、柱頭《ちゅうとう》が三本に分かれ、花柱《かちゅう》が子房《しぼう》からほぼ直角に曲がるようすは、これまで見たことがなかった。また、花弁は、縁が強く波打ち、先端が反転し、基部が黄色で、中部から先端が濃赤色である、などの特徴も、はじめて見るものであった。

花の図鑑で、ユリ科の写真を探していたら、イヌサフラン亜科に、これらしい、グロリオーサ属の一種が見つかった。そこで、その項を調べなおしたら、これは、アフリカのウガンダ原産で、切り花や鉢物に出荷されていて、その大部分がグロリオーサ・ロスチャイルディアナである、と記されていた。なお、グロリオーサ類には、キツネユリ（狐百合）の和名もある。

読んでわかっただけでは不十分なので、生け花教室に通い、かなりの腕前のN嬢から、花器ごと借りて、研究室にもち帰り、あれこれ調べつつ、スケッチした（ラフは鉛筆で、仕上げはペンで）。描いてみて、グロリオーサ類の植物形態的な記載事項が、よく納得できた。目だけでなく、手も神経も集中すれば、記憶に残りやすい。描くは覚えるなり、といえる。

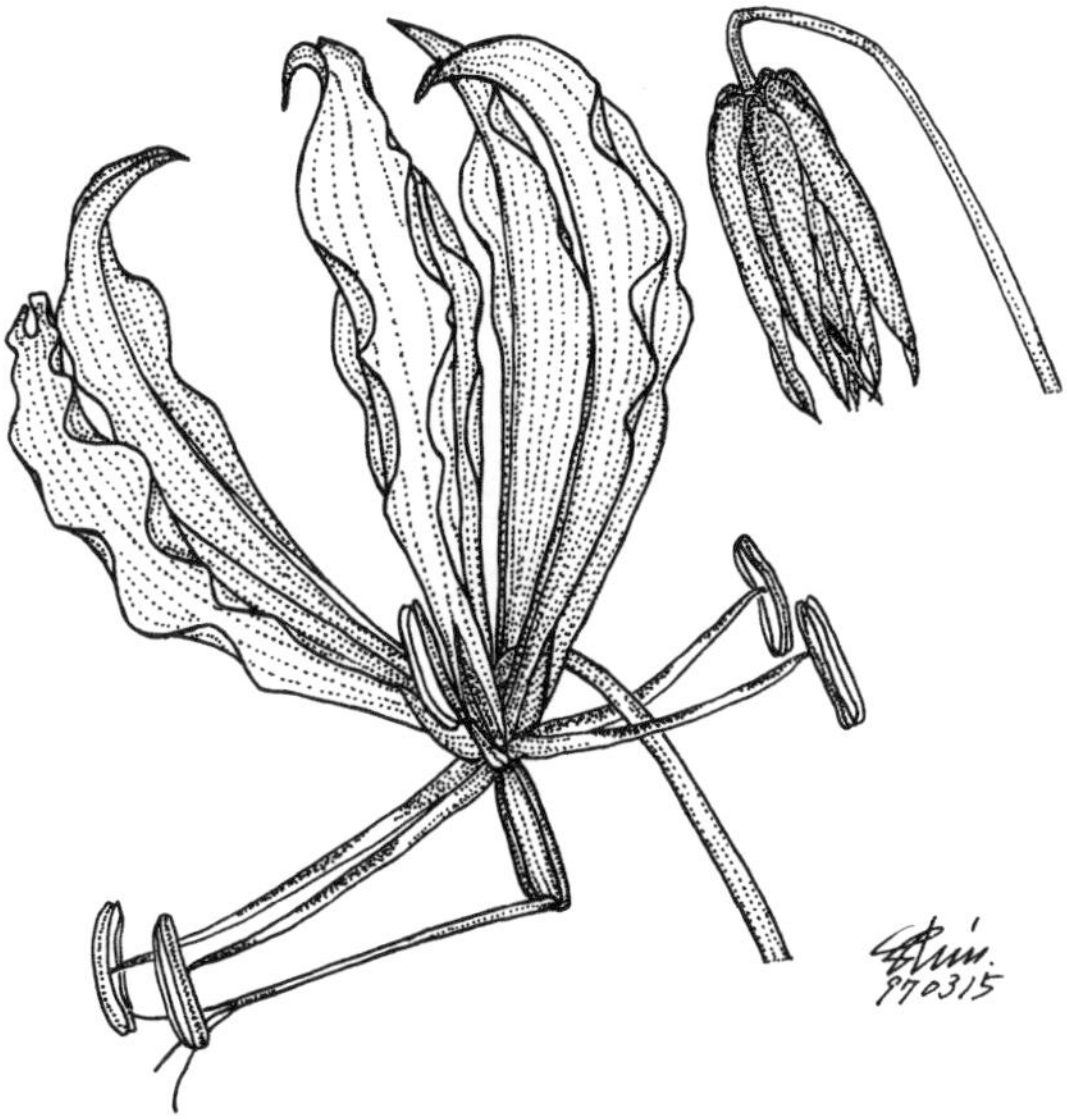

百合の香や思ひつくことみな文に　木村　敏雄
喪の電話手短か百合の向きむきに　小林　順子

◆学名　*Gloriosa rothschildiana*
◆科属　ユリ科グロリオーサ属（キツネユリ属）

ふき　蕗

四国のお遍路旅から帰宅したら、宅配便の不在票が郵便受けに入っていた。連絡したら、親切に、九時すぎに配達してくれた。品名が山菜であった。送り主は、茨城県の卒業生であり、きっと山菜の漬け物か佃煮ではないかと、荷物を開ける前に予想した。ところが、なんと、蕗のとう（薹）であった。それで、彼の学生時代を想い出した。彼は、実直そのものの学生であったから、自分で、里山で採取して、贈ってくれたにちがいない。

懐かしい香りが、室内に漂った。妻に手渡したら、翌日、味噌和えになって食卓にでた。アキタブキのとうほどではないが、やはり、ほろ苦い味である。そういえば、四国のホテルの和風料理店での夕食にも、小さな器に、ちょっぴり盛られて、これが並べられた。想い出しながら、ふたたび、春の香を味わえた。ちなみに、魚は、キス、ホゴ（カサゴ類）、アジであった。

このフキは、北海道にふつうの、変種アキタブキではなく、本州方面にふつうの、母種のフキ（いわゆる京蕗）である。母種は、小型で、きめ細かい風味がある。故郷の相模大山の周辺では、とう（花序）の味噌和えよりも、葉柄《ようへい》の佃煮（きゃらぶき）が知られている。甘辛く煮付けた、なかなかにおいしいもので、少年時代までは、農繁期における保存食でもあった。今では、観光土産として知られている。

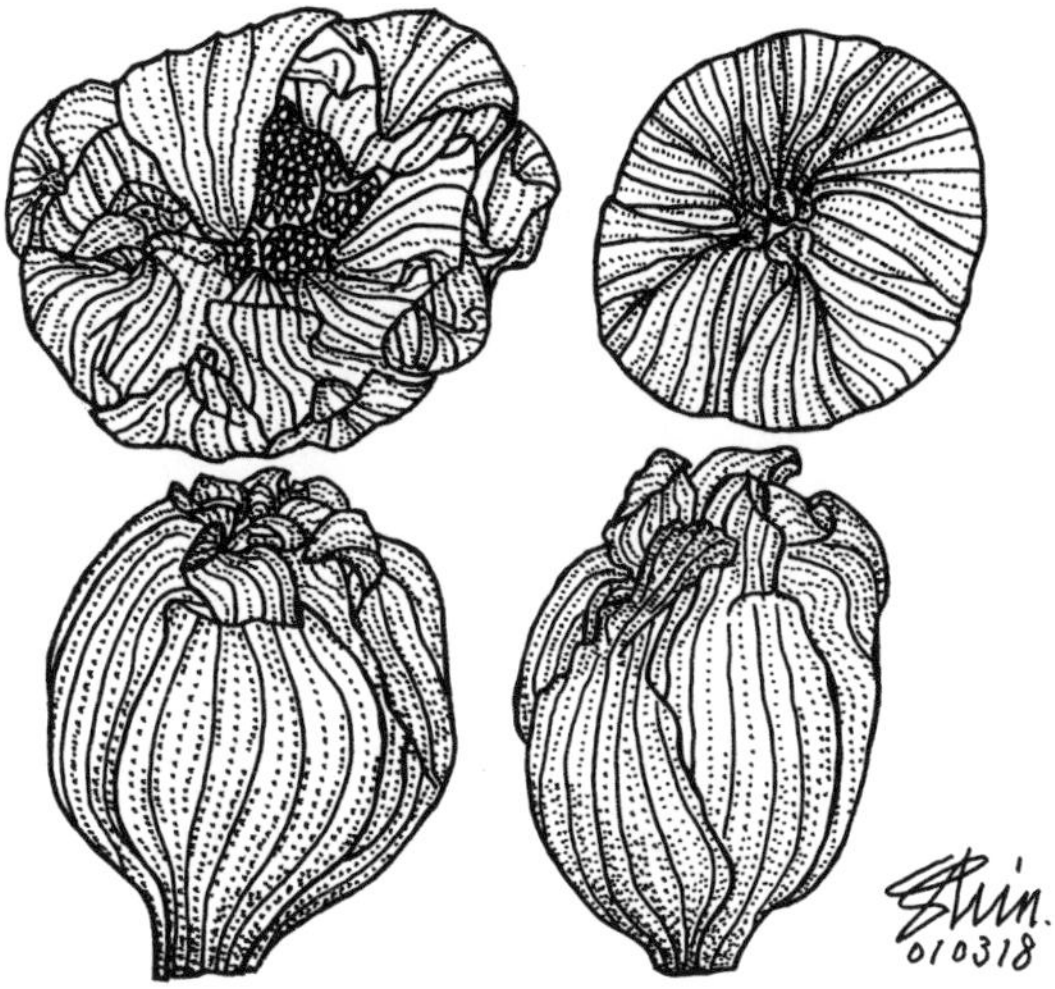

蕗の薹もえて無欲な雲さそふ　土岐錬太郎

蕗の薹任地の子等の声眩し　川股　葦夫

◆**学名**　*Petasites japonicus*

◆**科属**　キク科フキ属

◆**季語**　**初春**；蕗《ふき》の薹《とう》、蕗《ふき》の芽《め》、蕗《ふき》の花《はな》、蕗《ふき》のしゅうとめ。**三春**；春《はる》の蕗《ふき》。**初夏**；蕗《ふき》、蕗刈《ふきか》り、秋田蕗《あきたぶき》、蕗《ふき》の広葉《ひろば》、蕗《ふき》の雨《あめ》、款冬《かんどう》

あきたぶき

秋田蕗

日当たりのよい場所なら、雪解けも早い。そこに、すぐ、蕗のとう（薹）が顔をだす。雪が消えて、三日もすれば、とうがほころびる。そして、とうは、ぐんぐん伸びて、一〇〇センチにも達し、一カ月くらいで、綿毛つきのタネ（痩果《そうか》）を風に飛散させる。

フキのとうには、ご存知の方もあろうが、雌花（雌花序《しかじょ》）と雄花（雄花序《ゆうかじょ》）とがある。フキは多年生草であり、地下茎で繁殖するから、雌花はこちらに一群となり、雄花はあちらに一群となる。よく見ると、雌花は緑色がかっていて、雄花は黄色が強い。とうは、花序（花の集まり）であり、一本の茎（花序軸）に、小さな頭《とう》花《か》が総状に集まっている。そして、頭花そのものも、キク科に特徴的であるが、粒状の花（筒状花）の集まりである。

北海道に見られるフキは、アキタブキないしオオブキと呼ばれる。これは、本州方面の母種フキ（いわゆる、京蕗、ヤポニクス）より大型であり、その変種であって、本州北部以北に分布し、ギガンテウス（巨大な）という学名がつけられている。大きなものは、葉身《ようしん》の直径が一五〇センチ、葉柄《ようへい》の長さが二〇〇センチにもなる。その名のように、秋田県のオオブキが有名であるが、十勝の、特に足寄町のラワンブキ（螺湾蕗）は、さらに大型である。

アキタブキは、山菜の王者であり、とう、葉柄ともに食用となる。その塩漬けは、今日でも、冬の食卓のレギュラーの位置を占めている。蕗のとうは、根雪前に、蕾のころに、地表に見つけることができる。

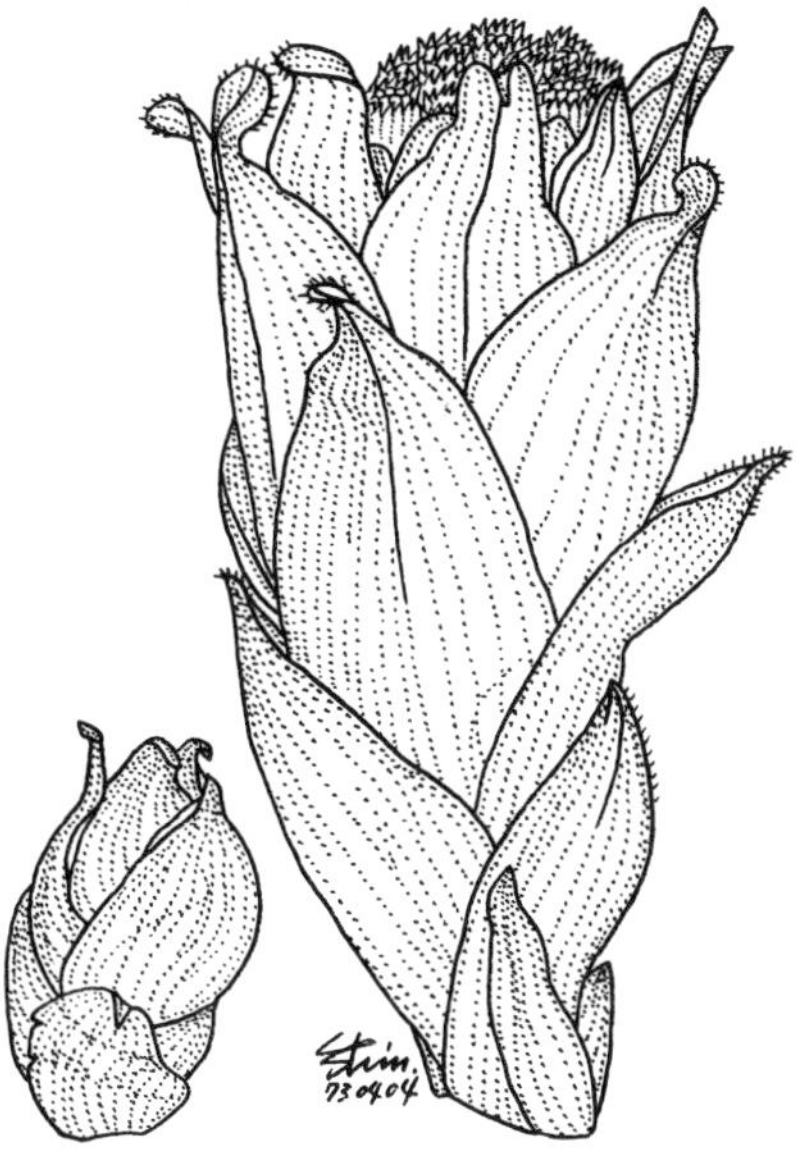

蕗のたう顔あげ農具さわぎ出す　佐竹　青歩

蕗のたうポケットの掌の温もりて　紺屋　晋

◆学名　*Petasites japonicus* var. *giganteus*
◆科属　キク科フキ属
◆季語　初夏；秋田蕗《あきたぶき》

シクラメン・・・・・・・・・・・・・・

玄関の、靴箱の上の一鉢は、シクラメンである。昨年の暮れからずーっと、同じ場所を占めて、二つ三つの花を次つぎに、咲かせ続けてきた。葉群の下には、蕾がたくさん用意されてきて、まだまだ咲き終わりそうにない。それじゃ、一花もらおうか、となった。所有者の妻に一言断ってから、はさみを入れた。描くは知るなり、であるから。

それにしても、この花は、変わり者である。下向きに咲いたにもかかわらず、花びらが、つけねから折れ曲がり、上向きに反り返ってしまう。雌しべ、雄しべを包みこまず、逆に立っている。かがり火に見立てた先人も、なかなかの目利きである。花の色は、濃橙色から白色であるけれども、園芸品種には、鮭赤、紫紅、ほかの多様な色がある。また、葉は、心臓形をし、その斑紋には個体差がかなり大きい。縁辺の歯牙《しが》も、上面から見ると、特徴がある。

これは、サクラソウ科、シクラメン属の代表的な一種であり、地中海東部沿岸（ギリシア、トルコ、レバノン、キプロス）に原産する。これから、きわめて多くの園芸品種がつくりだされている。その群をなす赤い花ばなから、カガリビソウ（篝火草）と呼ばれ、また、その塊茎《かいけい》から、ブタノマンジュウ（豚の饅頭）とも呼ばれる。中国名は、先客来である。流行歌やクリスマスの影響で、年末の花のように感じられるけれども、野生種の花期は晩春のようである。

青年の死や純白のシクラメン　福岡　耕郎

シクラメン一語あたため暮れにけり　松倉　絹江

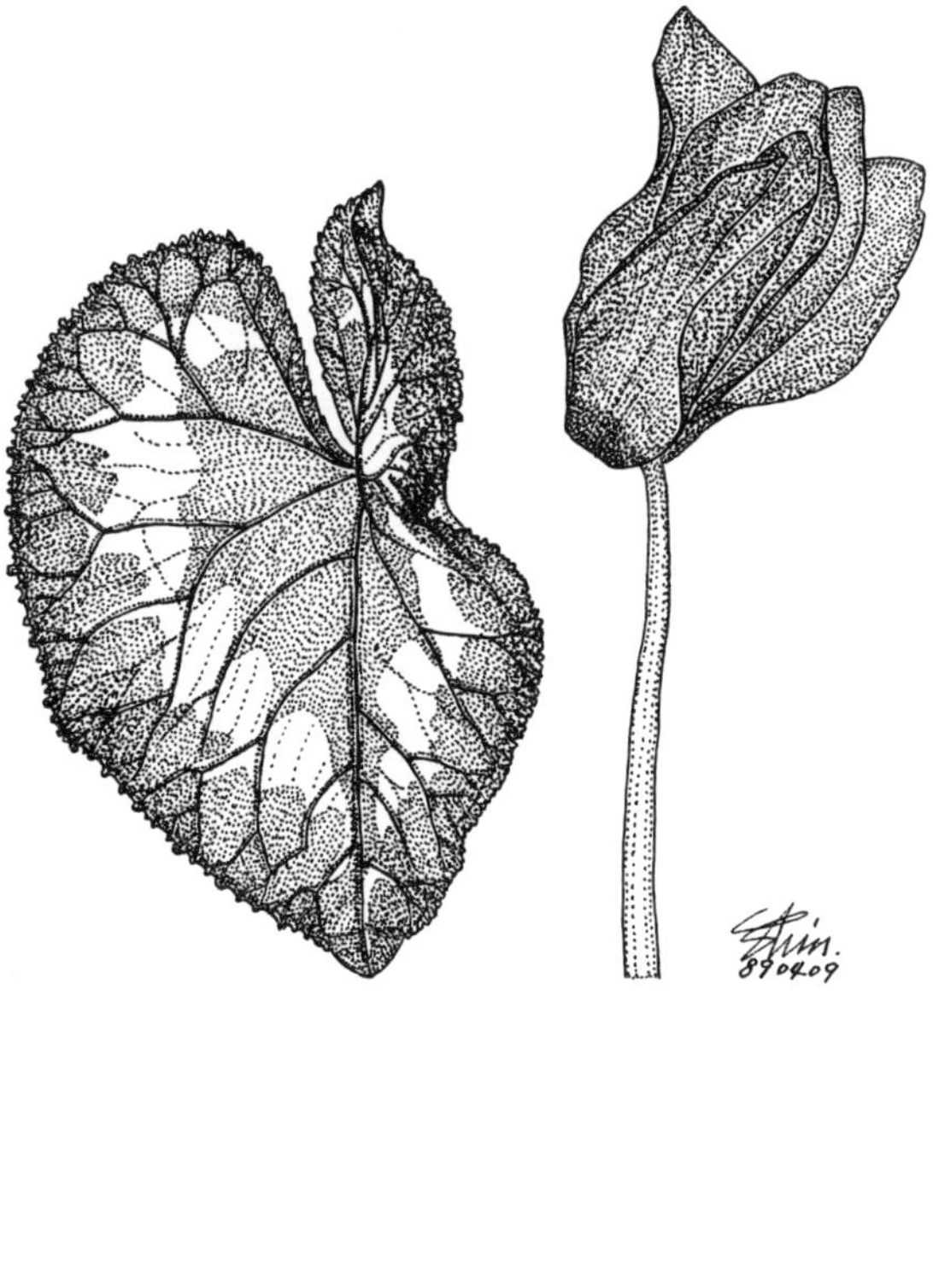

◆学名　*Cyclamen persicum* cv.
◆科属　サクラソウ科シクラメン属
◆季語　晩春；シクラメン、篝火草《かがりびそう》

にんにく　大蒜・・・・・・・・・・・・・・・・・・・・

雪がまだかなりの嵩で残っているころ、生協の青果物コーナーで、形よいニンニクを一球一三六円で買った。小球は、ふつう、五〜六個らしいが、これには半二重に、一三個もついていた。乾皮（鱗皮）のままでも、スケッチで顔を近づけると、かなりの臭気であった。

この鱗茎《りんけい》は、タマネギなどと同じく、葉が多肉化して、地下に潜ったものであるが、見かけ上は一球でも、その被膜（鱗皮）のなかに、数個の小球（小鱗茎）が入っている。これらは、親株の鱗茎を構成する、多肉化した各葉の腋に生じた珠芽《しゅが》（むかご）である。珠芽は、地上の花序にも混じってつく。

ニンニクは、ユリ科、ネギ属の多年生草であり、西アジアが原産地らしく、エジプト、ギリシアでは、古くから栽培され、中国にも古く渡来した。いちじるしい臭気にもかかわらず、いや、むしろ、そのゆえに、肉料理の香辛料として広く用いられてきた。薬用としても、利尿、健胃、駆虫、風邪なおし、血圧降下、鎮静、強壮、などの効果がある。これは古くから、広く栽培されてきたから、欧州系、中国系、日本在来系（日本に昔に渡来したもの）などの品種があり、それぞれ、花や葉にちがいが見られる。

ニンニクは、漢字では、葫、葫蒜、胡葱、大蒜、などと書かれる。近頃では、ガーリックという人までいる。和名は、仏教の忍辱《にんにく》に由来するらしい。わが国では、古くは、おおびる（大蒜）と呼ばれていた。

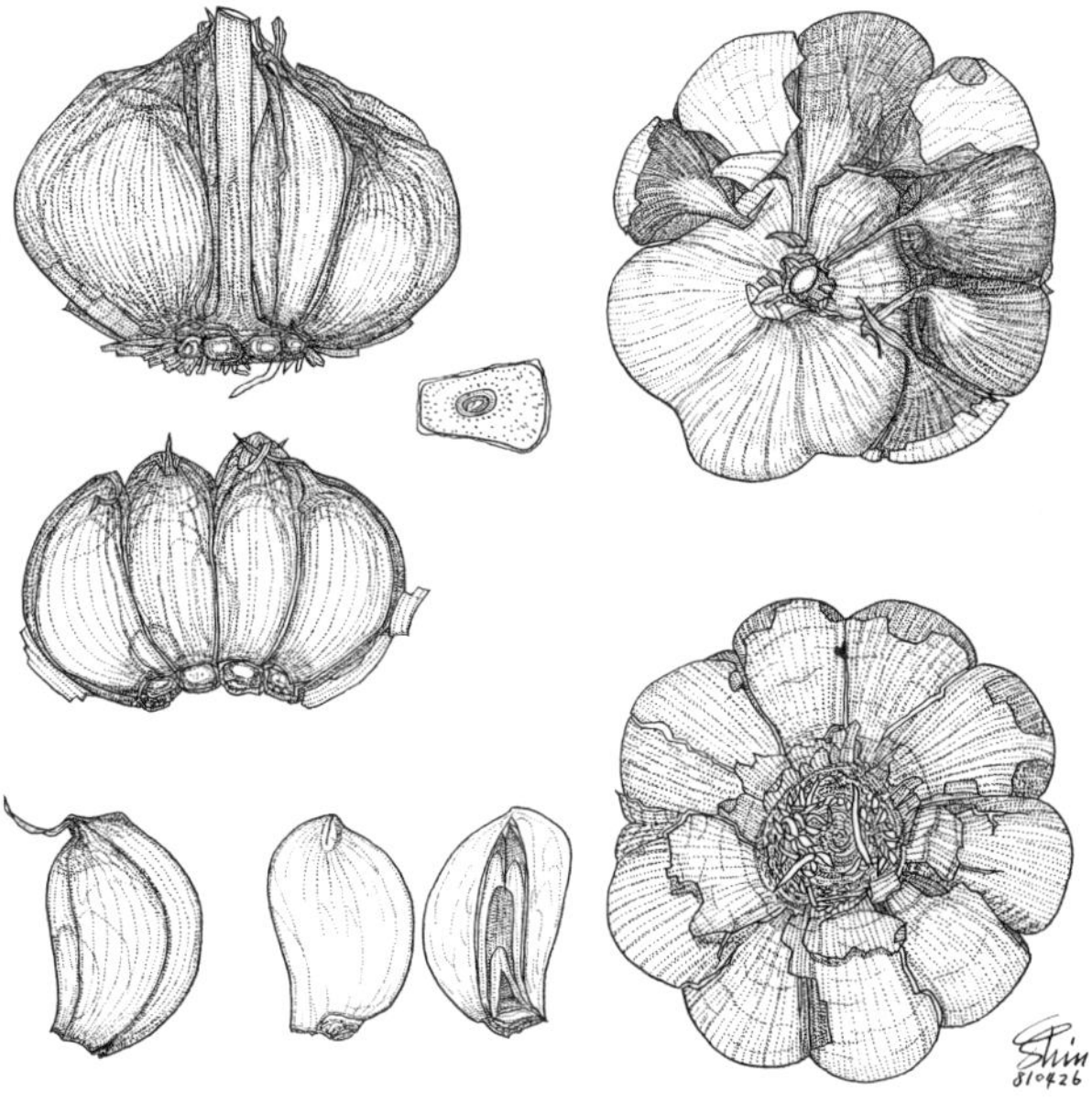

にんにくを噛みつつ粥の熱きを吸ふ　長谷川素逝

にんにくの芽に親しめば日ざし来ぬ　小池　一覚

◆学名　*Allium sativum*

◆科属　ユリ科ネギ属

◆季語　仲春；蒜《にんにく》、葫《にんにく》、胡葱《にんにく》、ひる、大蒜《おおにんにく》。晩夏；蒜《にんにく》の花《はな》

おおうばゆり　大姥百合

・・・・・・・・・・・・・・・・・

雪解けの溜まり水を流すために、苗畑とトドモミ林の境界に、排水溝を掘った。すると、林縁の狭い天然生広葉樹林分の林床の土塊のなかから、いろいろな植物の根、地下茎、球根、偽球《ぎきゅう》、鱗茎《りんけい》、などがあらわれた。苗畑のおばさんたちを集めて、植物名を当てさせたところ、誰もまちがえなかったものは、オオウバユリであった。

オオウバユリ（大姥百合）という名前の由来は、花が咲いたあと、果実が熟す前に葉が枯れてゆくから、お祖母さんのような百合、ということらしい。秋から冬にかけて、果実（さく果）が割れ、薄く、円盤形の種子が風に舞い飛ぶ。運よく発芽し、年々の光合成の積み重ねで、鱗茎（百合根）を肥大させた個体だけが、ついに、数年後に、一回だけ花を咲かせ、種子を飛ばすことができる。これは、一稔性《いちねんせい》多年生草なのであり、林縁や明るい林内に生育する。

オオウバユリの鱗茎は、たいへん大きく、救荒植物として利用されてきたし、アイヌの人びとも大切な食糧の一つにしてきた。セミと同じように、華やかなのはほんの一時だけで、数年間、このユリは、黙々と成長し続けてゆく。そして、晴れ舞台での花の色も、決して鮮明ではない。雪の林のなかに立つ枯れ茎群は、種子を飛ばし終えて、次の春がないことを、誰に告げたいのであろうか。

オニユリ、カノコユリのような、栽培ユリばかりを庭に植えたのでは、能も芸もない。わが庭隅の小樹林には、オオウバユリ、クルマユリ、クロユリ、ほかの野生ユリの種子を播いてみたい。

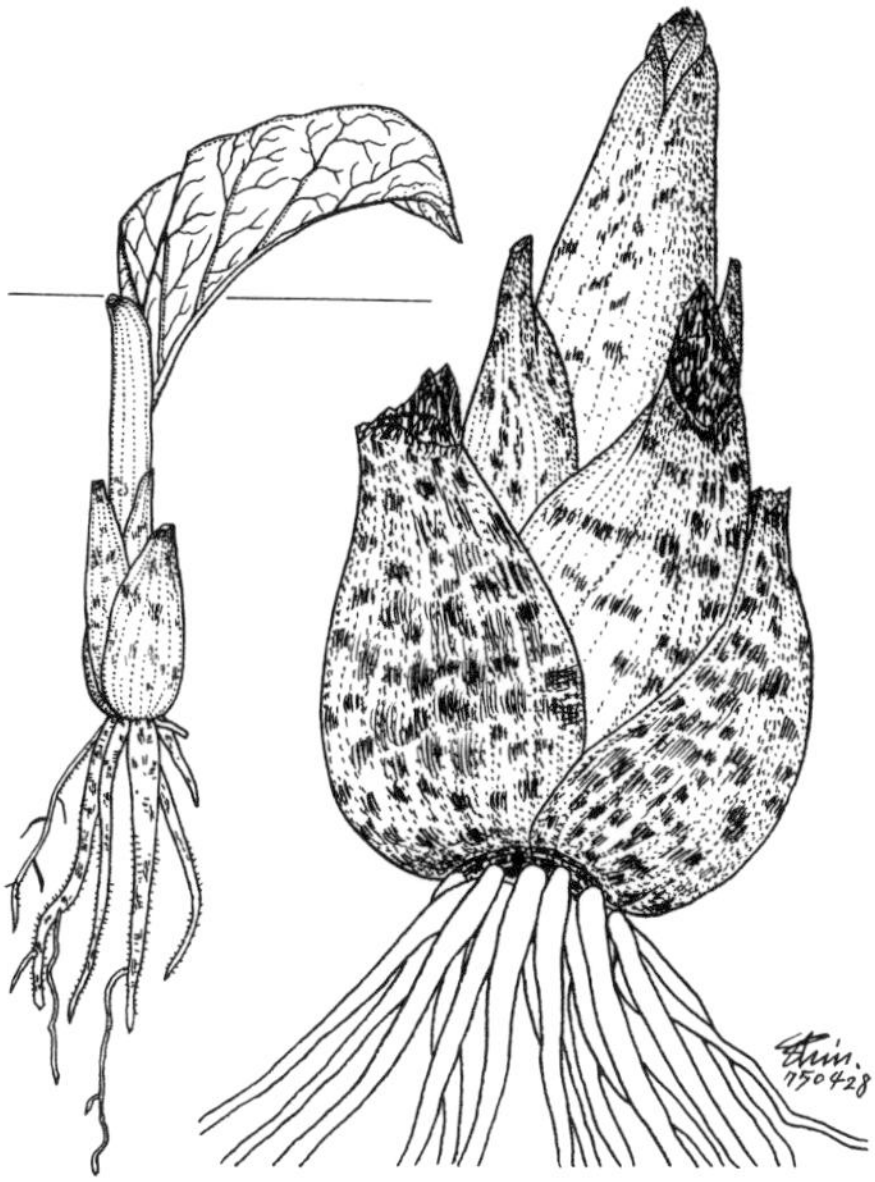

姥百合の根を掘る老婆のひからびて　石黒　白萩

姥百合の背を伸ばしゆく土の勢　紺屋　晋

◆学名　*Cardiocrinum cordatum* var. *glehnii*

◆科属　ユリ科ウバユリ属

すぎな　杉菜

膝（半月板損傷）の手術を受けた後で、最初の外出日に、松葉杖で歩きながら、団地の芝生の緑に、土筆《つくし》がにょきにょきと、無数にでているようすを見て、数本を摘んで帰った。そして、ベッドの上で、退屈しのぎに、ペンを執った。

はるかな大昔の、地球の歴史上からは、二億年も前に繁栄した植物（シダ植物）に、トクサ類と、ヒカゲノカズラ類とがあり、いずれも大木になって、石炭の原料になった。トクサの仲間に、ロボク（蘆木、カラミテス）という、高さが三〇メートル以上にもなる大木があった。しかし、その後の気候の変化（寒さ、乾燥）から、これらは滅亡してしまい、傍系のものが小型化し、草になって、今日にまで生きながらえている。

ツクシは、スギナ（杉菜）の胞子茎《ほうしけい》（花茎に相当する）であり、その形から、土筆と書かれる。これは、淡い褐色の円柱形をし、先端に子嚢穂《しのうすい》をつける。そこには、六角形をした胞子葉《ほうしよう》（花に相当する）がたくさんあって、十数段の輪をつくり、それぞれが開いて、胞子を飛ばす。

スギナは、トクサ科、トクサ属の多年生草であり、胞子茎に次いで、栄養茎（光合成器官、杉菜）がでてくる。スギナの繁殖力は、たいへんなものであり、抜いても抜いても、次つぎと伸びてくる。それは、小型化した際に、寒さと乾燥から逃れるために、栄養体の主部を地下に潜らせたからであり、地下茎が発達して、長く、網の目のように、地下をはっているから、地上茎が抜き取られても、各節から、予備の地上茎が伸びだしてくるからなのである。

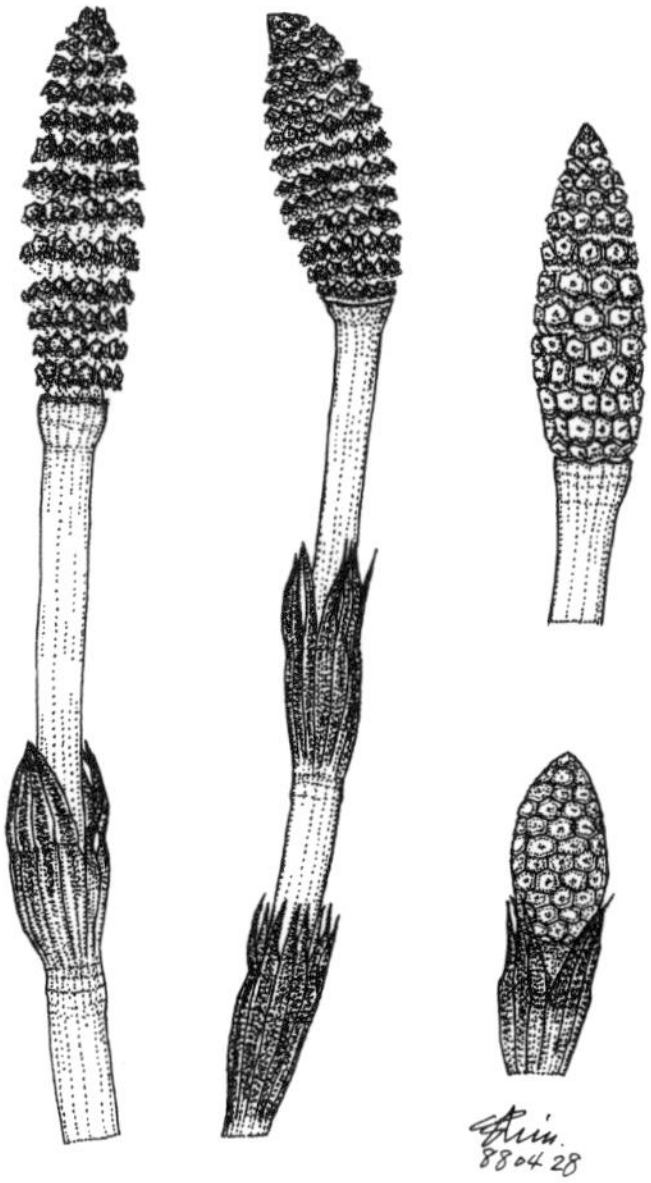

まふくだがはかまよそふかつくつくし　松尾　芭蕉
ポケットに土筆しほれて片恋す　高根れい子

◆**学名**　*Equisetum arvense*
◆**科属**　トクサ科トクサ属
◆**季語**　**仲春**；土筆、つくづくし、つくしんぼ、筆《ふで》の花《はな》、土筆野《つくしの》、土筆和《つくしあえ》、土筆摘《つくしつ》み。**晩春**；杉《すぎ》菜《な》、接《つ》ぎ松《まつ》、犬杉菜《いぬすぎな》

プリムラ

わが校の玄関の受付カウンターの隅には、常に、二～三個の花鉢が置かれてある。シクラメンは、半年も置かれ、シャコバサボテンもほぼ通年の鎮座であるが、今の季節にはサクラソウが似合う。そこで、サクラソウの一鉢を、黙って拝借して、わが研究室にもちこみ、校務の都合で、予定の授業が振り替わりになったのを幸いに、メモ用紙への筆ペンのラフなスケッチをした。そして、グラフ用紙への精密なペン画も描いてしまった。四月の下旬、日没が遅くなったが、描き終えて、気づいたら、日が暮れて、野球グランドの練習の声も聞こえなくなっていた。

描いてから、植物事典で確かめたら、サクラソウとは、わが国の伝統的な園芸品種の一種であり、野生種が日本、朝鮮、中国東北部に自生し、これの園芸品種も多数つくりだされている。しかし、ふつうにサクラソウといい、北国の庭で栽培されているものは、実は、交雑されたプリムラ属種である。特に、雑種プリムラ・ポリアンタは、多くの美しい品種をもち、お馴染みのものである。このペン画の薄黄色花も、ポリアンタ類であろう。

これは、サクラソウ科、サクラソウ属（プリムラ属）の多年生草本である。根出葉で越冬し、春早くに花咲き、雪解けの後の庭を彩る。これの別称・愛称は、化粧桜、乙女桜、常磐桜、雛桜などであり、いずれも季語としては晩春である。

咲きみちて庭盛り上る桜草　山口　青邨

こざくらと無心に濡るる溶岩の沢　長山　遠志

◆**学名**　*Primula* × *polyantha* cv.

◆**科属**　サクラソウ科サクラソウ属（プリムラ属）

◆**季語**　**晩春**；桜草、プリムラ、常磐桜《ときわざくら》、乙女桜《おとめざくら》、雛桜《ひなざくら》、楼桜《やぐらざくら》、化粧桜《けしょうざくら》、一花桜《いちげざくら》

すいせん　水仙

軒下のモンタナマツの植えこみから、隙間を縫って、スイセンの葉が顔をだし、蕾がもちあがってきた。手入れしてないので、葉が無数にでていた。株分けが必要である。えーっと、去年の花の形は、色は、と思ったが、記憶がなかった。

まあ、描けば覚えるだろう、記憶に残るだろう、ということで、みどりの日の夕方から、スケッチした。砂利運び、苗木植え、庭木伐り、などで腰が重くなって、早めに庭いじりを止めて、一杯までの時間をもてあましたせいである。

葉先より少し高めに、膨らんだ蕾を頂端に載せて、花茎が立ち上がる。そして、苞《ほう》（花の保護器官）を押し開くように、花弁（花被片《かひへん》）が顔を出しはじめる。花が開く直前に、開いた花を想像して描くのも、なかなかおもしろい趣向である。葉を添えた。葉には表裏があるが、ほぼ鉛直に立つので、光合成は両面でおこなうらしい。中肋《ちゅうろく》の凸の方が裏（下面）である。

一晩、コップの水に挿しておいたら、翌朝には、二本が花開いていた。黄色で、花弁が八重で、副花冠《ふくかかん》も八重に裂けて、図鑑に相談しても品種名は明らかでなかったが、キブサズイセン（黄房水仙）系の園芸品種（交雑種）であるらしい。

水仙の水替へて人悼みけり　小野寺参峰

水仙やひと氏言はず育ち言ふ　小平　安一

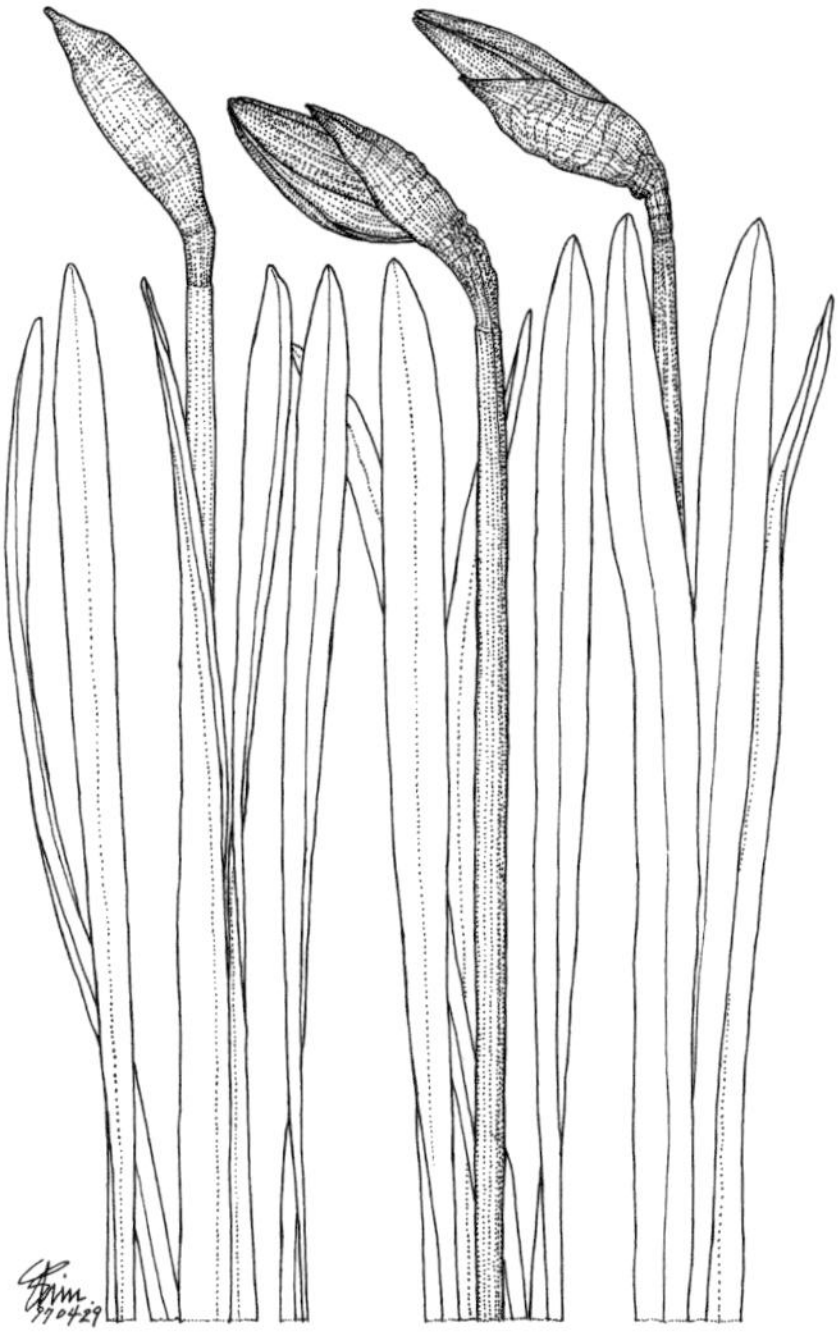

◆学名　*Narcissus* cv.

◆科属　ヒガンバナ科スイセン属

◆季語　仲春；黄《き》水仙《ずいせん》。晩冬；水仙《すいせん》

ひめおどりこそう　姫踊子草・・・・・・・・・・・・・・

入院中、病院の周辺を散歩していたら、付近の民家の、生垣の裾や、軒下の草地に、ホトケノザのような、小さい唇花《しんか》をつけた草花が、目についた。けれども、全体的に、やや太めで、たくましいのである。あるいは、今まで気づかなかった、帰化植物かもしれない。そこで、ともかく、スケッチしておこう、ということに決め、二茎ほど採った。描くは知るなり、という格言が、植物学入門の第一歩なのであるから。

ベットの手すりに、板を渡して、、スケッチ板を載せ、ルーペなしで、眼鏡をはずし、かわいい、長さ一五ミリほどの花を観察した。小さくても、美しい模様があり、立派なものである。

ヒメオドリコソウは、姫踊子草と書かれ、シソ科、オドリコソウ属の、小型の二年生草であり、ヨーロッパから小アジアにかけての原産である。主として、都会地付近に帰化して、雑草となっている。その茎は、四角形をし、基部で分岐し、下部が伏生ないし斜上して、上部が直立する。上部の葉にも、柄がある。花は、帯赤紫色から暗紅色をし、小さい心形をして、一～三個が輪状につく。

因みに、同じオドリコソウ属のホトケノザ（仏の座）は、少年時代に、雑草として、土寄せの際の、麦の株のあいだに、よく生育していた、と記憶している。こちらの花は、紅色から桃色をし、上部の葉に柄がなく、全体的に、やや細めである。

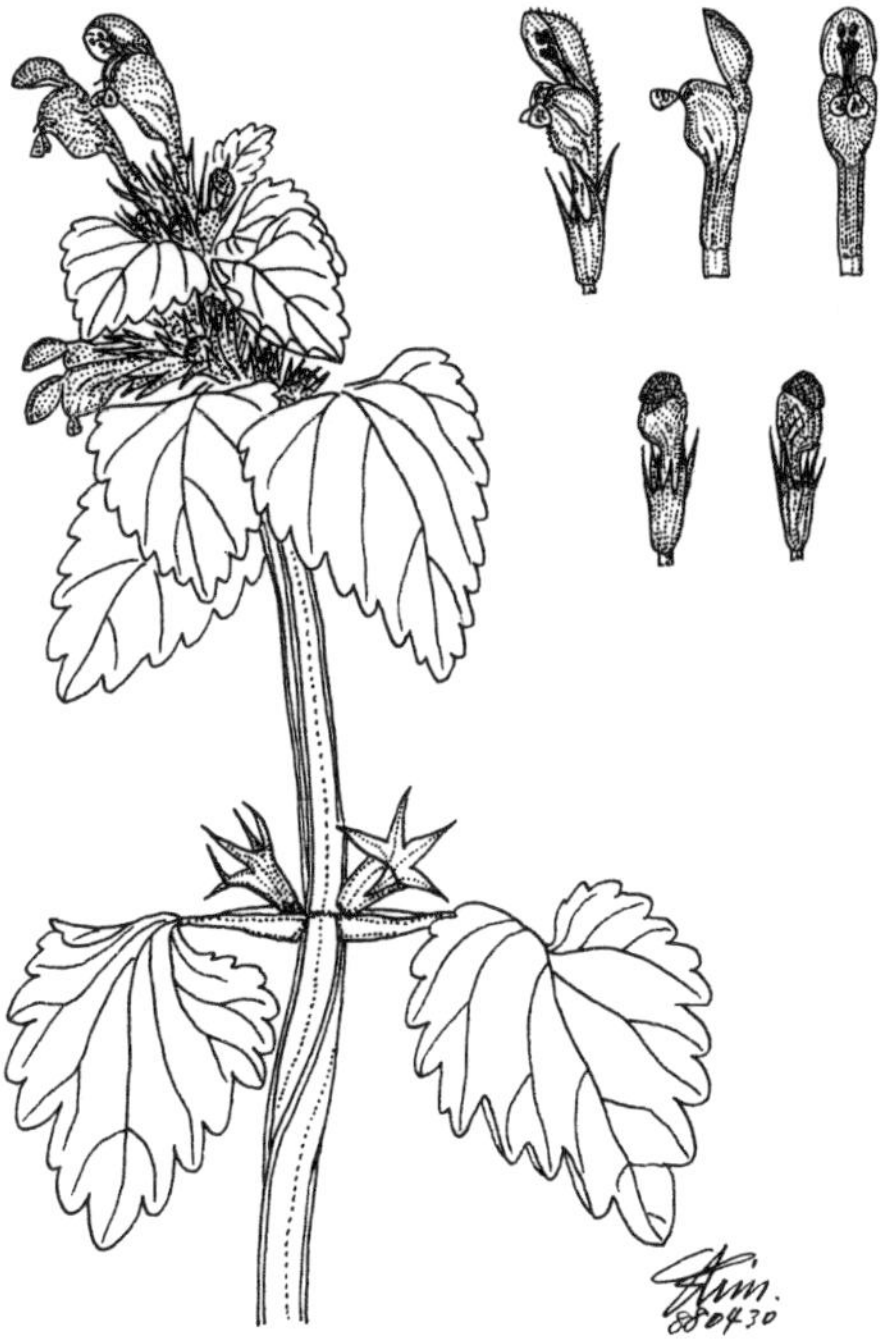

踊子草蕗をむく子に踊りけり　　西本　一都

野寺あれて跡にやはゆる仏の座　　松永　貞徳

◆学名　*Lamium purpureum*

◆科属　シソ科オドリコソウ属

◆季語　（おどりこそう）初夏；踊子草《おどりこそう》、踊花《おどりばな》、踊草《おどりそう》、虚無僧花《こむそうばな》

せいようたんぽぽ 西洋蒲公英…………

歩道のアスファルトと縁石の隙間に、セイヨウタンポポが根張りして、ロゼット（越冬のため、伏生した、放射状の根出葉）を広げ、その中心に三個の蕾が見られた。根張りの土は、土壌というようなものではなく、都会の塵や車粉そのものであるにちがいない。なんと逞しい生命力であろう！ ちょっとした空き地（裸地）があれば、タネ（果実、痩果《そうか》）が、風に乗って、次つぎに飛来し、発芽し、定着してしまう。ひとたび定着すれば、刈られても切られても、太い直根から、たちまち復活する能力をもっている。

タネ散布の能力、成長の速さ、草刈りされてからの復活力、などの諸特徴から、セイヨウタンポポは、代表的なコスモポリタン・ウィード（国際的な雑草）と呼ばれている。また、「速足の旅人」とも呼ばれる。けれども、日陰に弱いので、森のなかには成長できないし、大型草本の生える草地にも、生き残ることができない。弱点もあるのである。

セイヨウタンポポは、キク科、タンポポ亜科、ニガナ族、タンポポ属の、帰化植物である。西洋では、根が食用、薬用とされ、葉がサラダ用の品種も栽培されている、という。ヨーロッパ原産であり、世界中に広まっている。漢字で書けば、西洋蒲公英となる。

この旺盛な生命力をもつ帰化植物のために、自生のタンポポ類が、身近に見られなくなってしまった。つまり、北海道に自生していたエゾタンポポ、シコタンタンポポ、などは、異国からの侵入者に駆逐されてしまい、ほとんど見られなくなった。それでも、自生種も、林道沿いのような、半陽地に、いくらか残存している。

黄を捧ぐタンポポ家鴨尻ふって　土岐錬太郎

転入の子へたんぽぽの首飾　品田　淙竹

◆学名　*Taraxacum officinale*

◆科属　キク科タンポポ属

◆季語　三春；蒲公英《たんぽぽ》、ふじな、たな、白花《しろばな》たんぽぽ、蒲公英《たんぽぽ》の絮《わた》、鼓草《つづみぐさ》、西洋《せいよう》たんぽぽ

らっぱずいせん　喇叭水仙　・・・・・・・・・・・・

散歩の帰りに、あるアパートの、敷地の縁に、スイセンが咲いていた。花壇というほどの手入れもない、雑草の下生えのあいだに、逞しく咲いていていた。じーっと見つめていたら、家主の老夫婦がでてきて、松葉杖に同情してか、二花ほど恵んでくれた。働き盛りの壮年が、一休みして、恵まれる立場にあるのも、また一興か、と思った。

スイセン（水仙）は、早春の植物である。雪解けとともに、葉を伸ばし、花茎を伸ばして、花開く。道北に暮らしていたとき、今も各地へ出かけると、離農跡地に、黄色のスイセンが、株状に点在しているようすを見て、ひとしおの感慨をもったものである。ここにも、開拓者がいたのか、何十年の生活の跡なのか、巡りくる春に主はいない、・・・。せめて、この一部を主のいる庭隅に植えよう、とスコップで掘り取ったことも、早十年あまりの昔のことである。その公宅の庭には、今も、咲き続けているのであろうか。

ラッパズイセンは、日本に自生するスイセン（中国からの帰化植物らしい）とは別種であり、西ヨーロッパ（スウェーデンからポルトガルまで）原産である。これは、ヒガンバナ科、スイセン属の、球根（鱗茎《りんけい》）をもつ多年生草であり、ラッパと呼ばれる、長い副花冠《ふくかかん》に特徴があって、英名では、トランペット・ダッフォディルと呼ばれている。

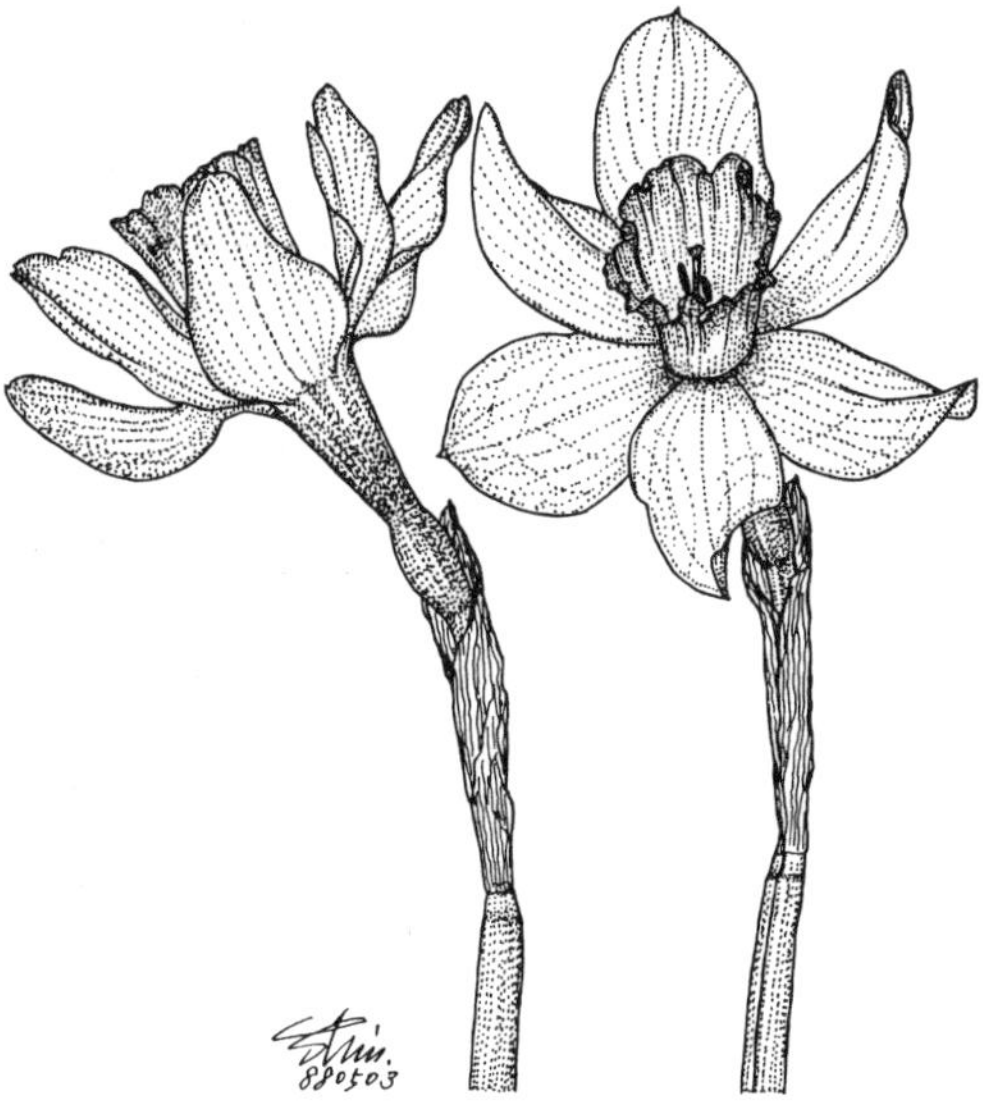

水仙や白き障子のとも移り　　松尾　芭蕉

水仙の闇しんしんと匂ひけり　　大島すみ子

◆学名　*Narcissus pseudonarcissus* cv.
◆科属　ヒガンバナ科スイセン属
◆季語　仲春；喇叭水仙《らっぱずいせん》、ダッフォディル、桃色《ももいろ》
水仙《すいせん》

ねぎ　葱

単身赴任から、たまに、家に戻ってきて、最初の仕事が、菜園の春耕であった。煉瓦や土管を製造する工場がある土地ゆえ、庭土は、粘土質で硬かったけれども、火山砂礫、生ゴミ、落葉、雑草、などなどを入れて、一〇年を経て、ようやく鍬で、さくさく耕せる畑土ができあがった。よい菜園となったころ、子供たちは、巣立ってしまったけれども。

越冬させた野菜のうち、凍傷大根と虫食い人参を鋤こんでしまい、アスパラガス、ニラ、ミツバを据え置き、残ったネギを掘り取って、食卓へまわした。群馬県の、妻の親戚から届く、太いネギ（下仁田品種）とは、比較にならない。それでも葉鞘《ようしょう》部の白色、葉身《ようしん》部の葱色が、ともにみごとであった。臭気と辛味（硫化アリル）もよい。

関東の白ネギ（根深系）は、土寄せされて、葉鞘が白色化し、質が柔らかくなったもの（白根）である。他方、関西の青葱（葉葱系）は、葉身をおもに食べる。ちなみに、今日では、さまざまな品種群がつくられ、加賀群、千住群、晩葱群が、根深系である。九条群が、葉葱系である。北日本で栽培されるのは、加賀群の「加賀」が主であるらしい。この栽培品種は、耐寒性に富み、積雪下で越冬ができ、葉鞘部が太い。

ネギは、ユリ科、ネギ属の一種であり、中国（西部）の原産である。ちなみに、野生祖先種は、アルタイネギであるらしい。中国では、たいへん古くから栽培され、大葱と呼ばれた。わが国でも、古くから栽培され、世界一の生産量である。そして、関東地方が、主産地となっている。

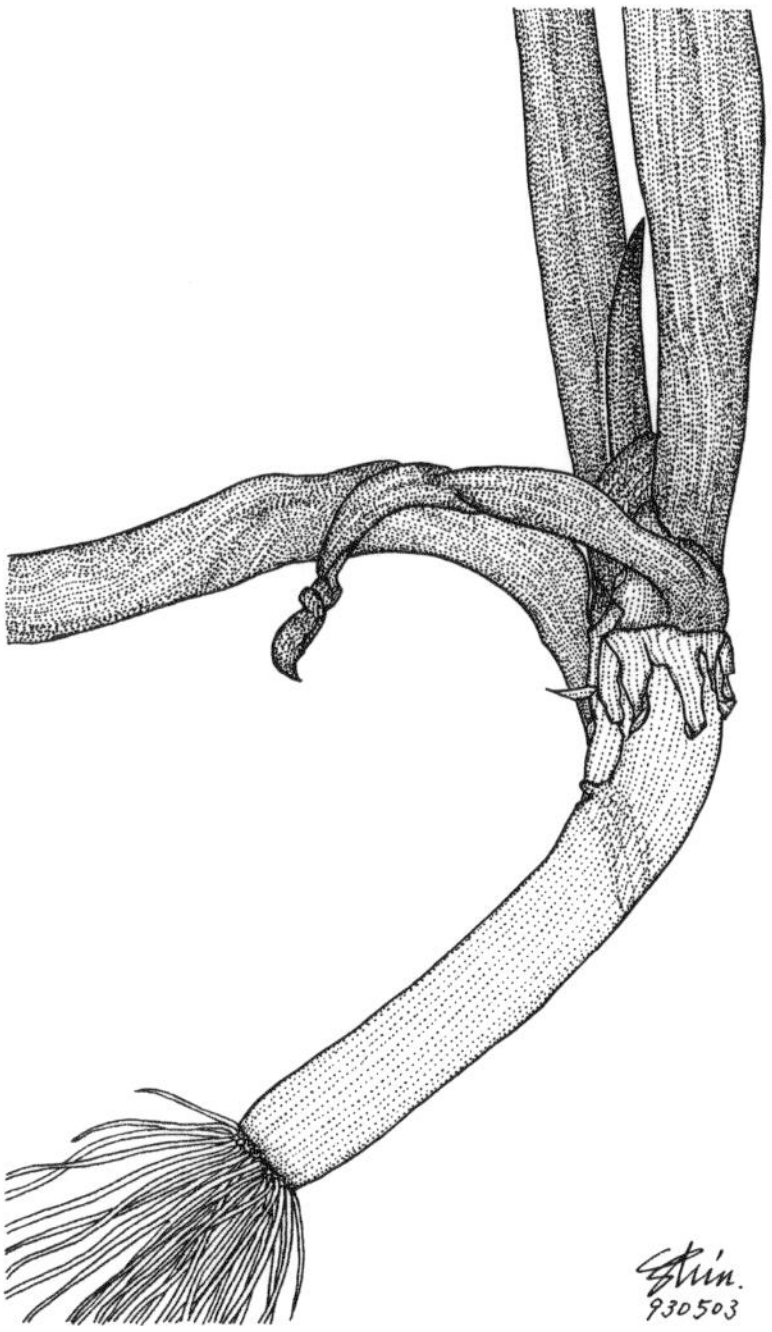

葱白く洗ひたてたる寒さ哉　松尾　芭蕉

余生とや芯まで淡き根深汁　熊崎かず子

◆**学名**　*Allium fistulosum*

◆**科属**　ユリ科ネギ属

◆**季語**　**晩春**；葱坊主《ねぎぼうず》、葱《ねぎ》の花《はな》、葱《ねぎ》の擬宝《ぎぼ》、根深《ねぶか》の花《はな》。**晩夏**；夏葱《なつねぎ》、刈葱《かりぎ》、**三冬**；葱《ねぎ》、深葱《ふかねぎ》、根《ね》深《ぶか》、ひともじ、葉葱《はねぎ》、洗《あら》ひ葱《ねぎ》、冬葱《ふゆねぎ》、葱畑《ねぎばたけ》、葱汁《ねぎじる》、葱洗《ねぎあら》う

はまぼうふう　浜防風・・・・・・・・・・・・・・

石狩川の河口の北側の、厚田村シラツカリ浜へ、飛び石連休の平日に、砂丘植物の調査にいった。砂浜の微地形と植物、砂の移動と植物、裸砂地の緑化などを調べ、応用するために、であった。現地につくと、かなりの数の人びとが、砂草地帯を歩きまわっていた。左手にビニール袋を、右手に小スコップか根掘りヘラをもって。ああ、そうなんだ。ハマボウフウを掘っているんだ。砂に埋まっている白い葉柄《ようへい》（茎ではない）が、刺身のつま、酢の物に珍重され、本州方面の高級料理店へ空輸されている。

スコップで掘り出したら、ハマボウフウには、長いゴボウ状の地下茎があり、地上へでた新条より下位に、芽がいくつかあった。頂芽からでた新条（一番子）が摘まれると、これらの一つが代わりに地上へでる（二番子）。この回復力ゆえに、毎春、摘まれても摘まれても、絶滅にいたりにくいのであろう。

種子からの芽生えも見出された。摘み草の季節が終わると、ハマボウフウは砂地に、厚く濃い緑色の葉を広げて、光合成を開始し、大きな花序をつけ、秋までに種子を散布する。これらが飛砂に埋もれ、深さが適当であれば、翌春に芽生える。

ハマボウフウは、浜防風の漢字を当てられ、セリ科、ハマボウフウ属の多年生草であり、高さが五〜四〇センチになる。北海道から沖縄の海岸砂地に広く見られ、千島、樺太、アムール、ウスリー、朝鮮、中国に分布する。漢方薬としては、同じセリ科のボウフウ（防風）の代用品で、根（地下茎）が風邪薬になる。

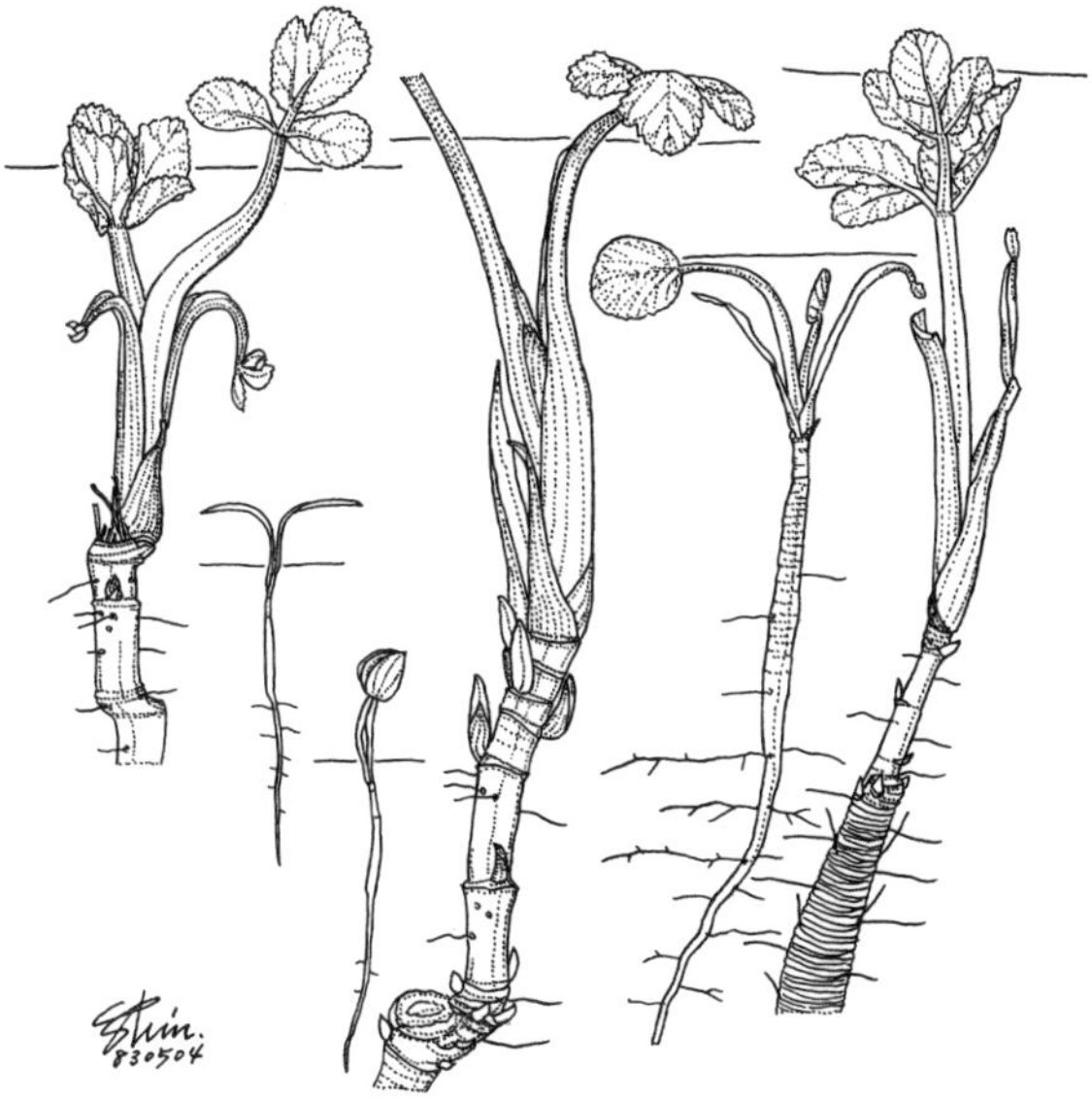

島とおく見ゆるを彳てり防風摘む　小林一眺

防風の花の砂丘に牛放ち　中村彦郎

◆学名　*Glehnia littoralis*

◆科属　セリ科ハマボウフウ属

◆季語　三春；防風《ぼうふう》、浜防風《はまぼうふう》、はまにがな、防風《ぼうふう》摘《つ》み、防風《ぼうふう》掘《ほ》る、防風《ぼうふう》採《と》る

さるのこしかけ　猿の腰掛け・・・・・・・・・・・・

これは、なんなの？

それは、ＵＦ《ユーフォー》です。

えー！　それにしては、柔らかいんじゃないの？

いいや、茸としては、特別に硬いのさ。

なーんだ、茸なのか。

こりゃ、しまった。実はサルノコシカケというんだよ。詳しくいえば、コフキサルノコシカケさ。

真正面からスケッチしていたときの、覗き屋さんとの問答でした。このコフキサルノコシカケ（粉吹き猿の腰掛け）は、以前に、耕地防風林を調査した際に、枯れたケヤマハンノキの幹に付着していた。

磨いて飾り物にしたり、ガンに薬効があるというので、鰹節削りで削って、服用したり、この茸類の変わり者は、なかなか根強い人気を保ち続けている。保存のしやすさが特色であるけれども、採って二年目に、小さな虫が、おそらくカツオブシムシの類が、ぞろぞろでてきたときには、たいへん驚いた。この乾燥しきった茸のなかからであったから。

サルノコシカケは、茸類（担子菌類《たんしきんるい》）のうちの、傘が木化して、硬くなり、年々成長して、傘の柄が発達しないで、半円形の棚状になるものを総称している。樹木にとっての害菌であるけれども、ふつう、弱った木、傷のある木などに寄生している。

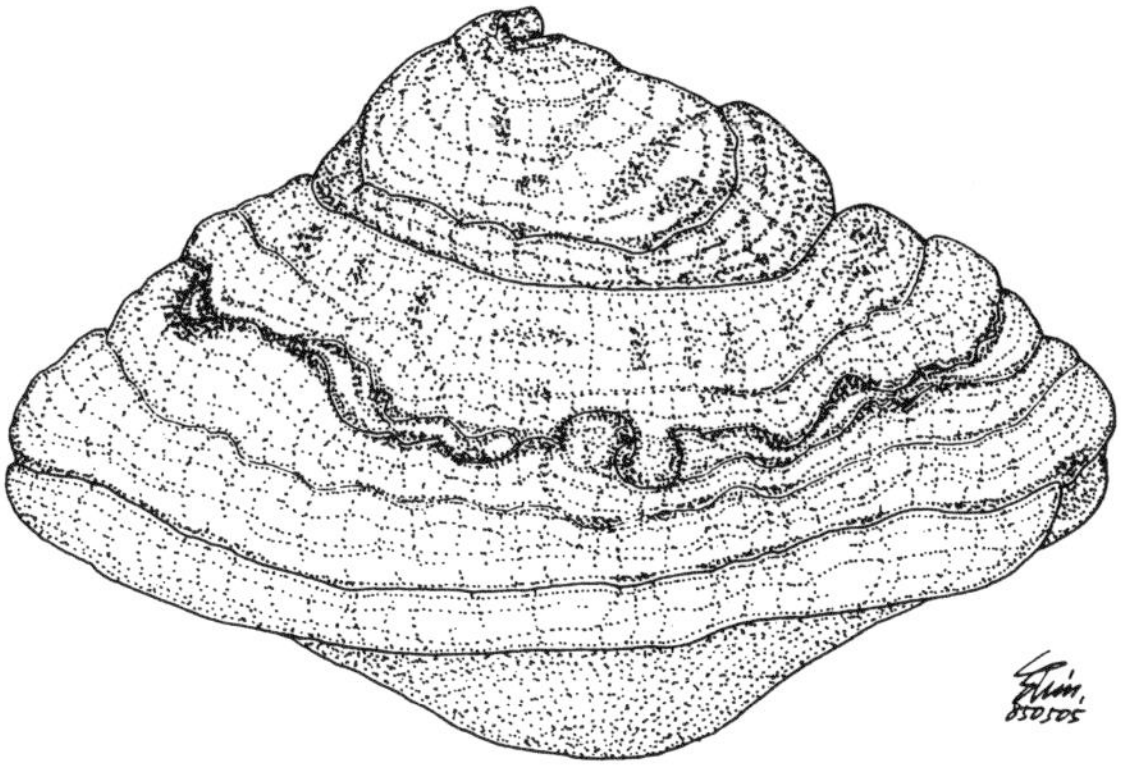

こしかけて山びこのゐし猿茸　　飯田　蛇笏

径ほとり高嶺いただき菌売る　　佐藤　浩悠

◆学名　*Elfvingia applanata*

◆科属　マンネンタケ科コフキサルノコシカケ属

◆季語　三秋；猿《さる》の腰掛《こしかけ》、胡孫眼《こそんがん》、猿茸《ましらたけ》、万年茸《まんねんたけ》、霊芝《れいし》

なずな　薺

マンションの建設が進行中の、札幌の桑園に、二十数年ぶりで行ってきた。はじめての下宿が、北五条西十六丁目にあったので、尋ねてみたのであった。けれども、わが下宿をはじめ、周辺にあった木造二階建ての古い建物群が取り壊され、広い駐車場になっていた。近々に、ビルディングが建つのであろう。

当時、わが下宿の向かいの家が、水野波陣洞氏の「ハマナス俳句社」であった。同氏に入会を勧められたけれども、学生時代に、私は、短歌や詩をかじっていて、俳句を作りたいとは思わなかった。このあたりにあった市電も、だいぶん昔に廃止された。

北丸山の病院まで、松葉杖で帰った。通り道の街路樹の根元には、しばしば、ナズナが生育していた。敗戦後、ナズナは、蔬菜の代用として、一時的ながら、ずいぶん食べられたようである。私の育った相模の田舎でも、冬の枯れ水田から、ホトケノザ（コオニタビラコ）、スイバ、セリなどとともに、ナズナが採取されていた。春の七草のひとつであるから、はるか昔から、日本人に食べられ、親しまれてきたのである。そして、大都会にも、生き残っている。

ナズナは、アブラナ科、ナズナ属の（一～）二年生草であり、ロゼットで越冬する。早春に茎を伸ばし、数枚の茎葉をつけ、総状に小さい花ばなを下から上へつける。ペンペン草の別名がある、和名はナデナ（撫で菜）、め（愛）ずる菜、の意味である、といわれている。

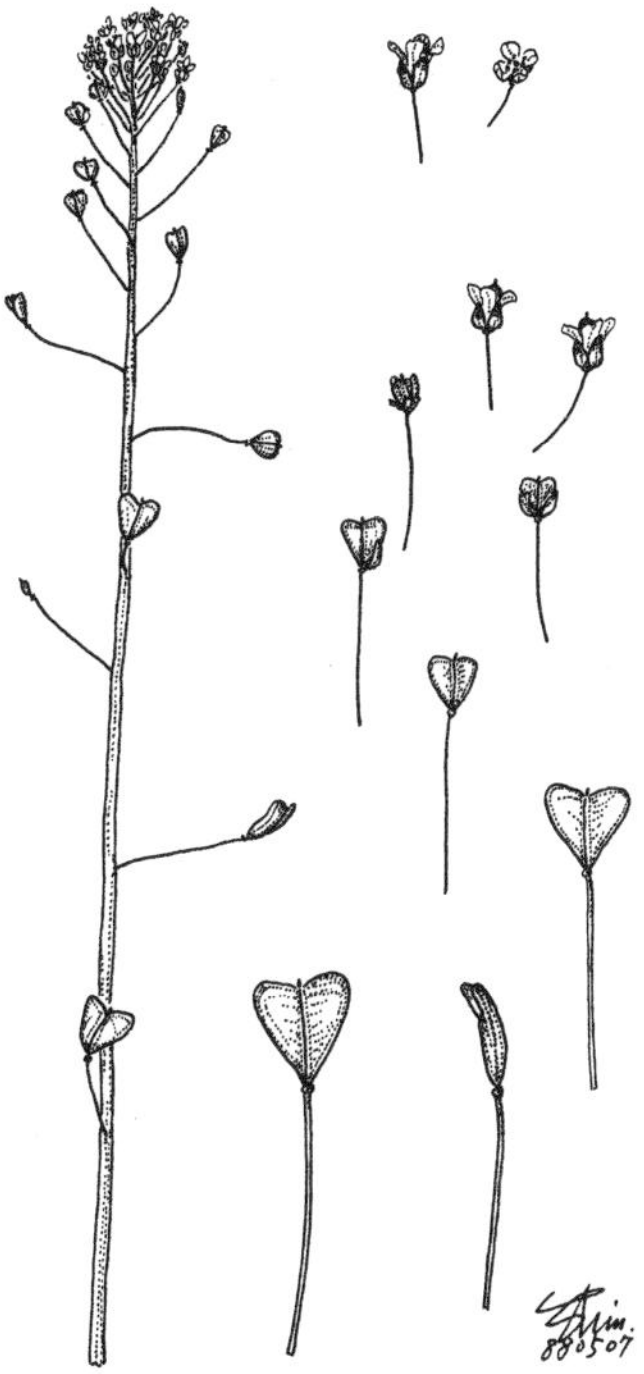

よくみれば薺花さく垣ねかな　　松尾　芭蕉

花なづな仔牛の鼻のしかと濡れ　　山下　洞牛

◈学名　*Capsella bursa-pastoris*

◈科属　アブラナ科ナズナ属

◈季語　新年；薺《なずな》、薺摘《なずなつ》む、初薺《はつなずな》。三春；薺《なずな》の花《はな》、花薺《はななずな》、ぺんぺん草《ぐさ》、三味線草《しゃみせんぐさ》

えんどう　豌豆

好天の休日、夫は薪を割り、それで石炭風呂をわかした。春の草花が咲き、キタコブシ、エゾヤマザクラ、レンギョウが咲いた。芽吹き、若草だから、春というべきであろうが、陽気はもう初夏のようであった。公宅の小さい畑に、妻がタネ播きをした。エンドウ、白菜、山東菜の三種類であった。エンドウの袋の能書きに、本邦初登場、アメリカ産、美味、多収とあり、「スナックえんどう」と書かれてあった。ふつうの品種では、家庭菜園の管理人に好まれないらしい。歴史が古く、石器時代から栽培されてきた豆なので、無数の品種があって、しかも、今日でも、次つぎに新品種がつくりだされている、といわれる。

巻きひげが絡みつく、豆の手竹として、プラスチック製品がでまわっている。わが家は、五〇本あまりの根曲がり竹（チシマザサの稈《かん》）を買い求めた。根曲がり竹は、海岸林の防風柵に用いられているもので、産地から、出張の帰りに、Nさんが買ってきてくれた。これで、このメリケン豆が、多収で、うまければ、と願った。

絵のエンドウは、冬に近くのスーパー店で買ったものであり、メリケン豆といくらか似ているが、パックには「おらんだえんどう」と書かれ、長さ・幅が普通サイズの二倍もあって、鹿児島の指宿産であった。エンドウの品種のうちで、「きぬさや」と「バターマメ」から交配して、つくりだされたのであろうか。大きくても大味でなく、ことに味噌汁にうまかった。

莢豌豆貧しさになれて子を欲りす　能村登四郎

街路樹も手竹ぞゑんどう絡み付く　紺屋　晋

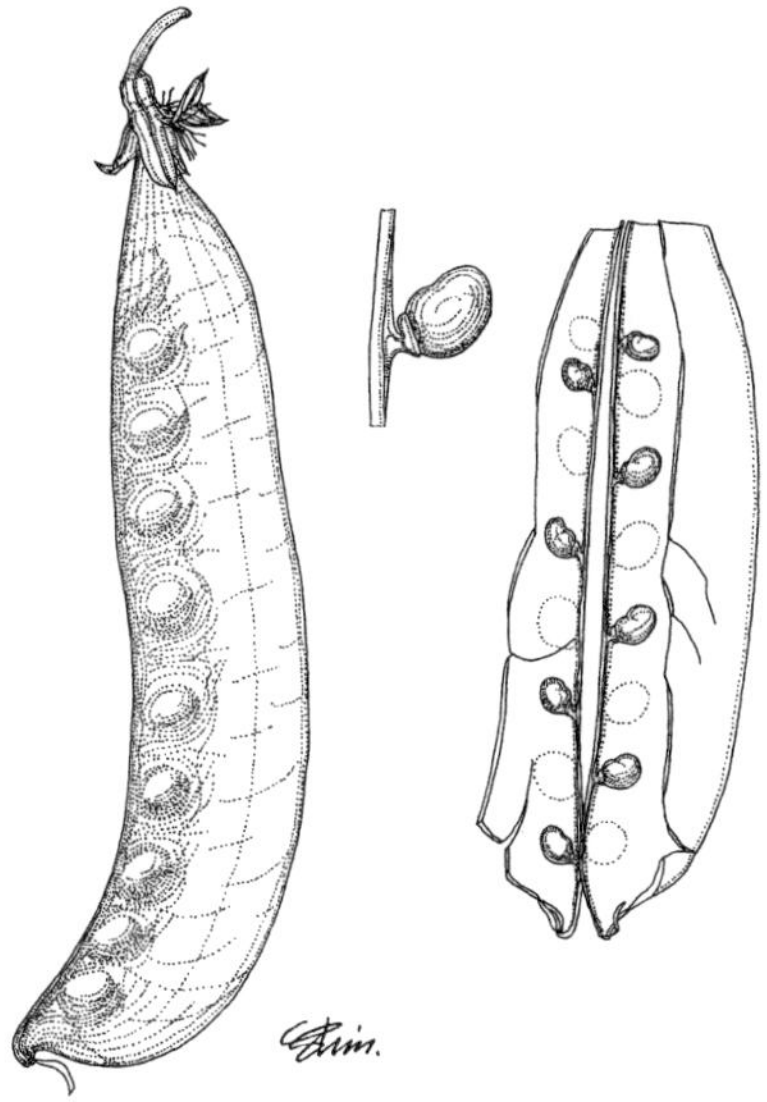

◆**学名**　*Pisum sativum*

◆**科属**　マメ科エンドウ属

◆**季語**　**晩春**；豌豆《えんどう》の花《はな》。**初夏**；豌豆《えんどう》、莢豌豆《さやえんどう》、絹莢《きぬさや》、グリーンピース

わさびだいこん　山葵大根

春はよいものである。年齢に関係なく、やはり、北国の冬は長く、厳しい。この冬も、ずいぶんと長かった、の感がある。南風がいく日も吹き続けると、平地の雪が一度に消え、雲雀、椋鳥、大地鳴、頬白などが囀って、黒い大地がみるみる緑の衣におおわれてゆく。

山菜の季節である。昨年の塩ものと、本年の生ものと、それぞれに味を楽しめる。終わり初ものと、初ものと、なのである。残る塩気に冬を想い、新鮮な香りに春を感じる。

ポプラ林の裏手の、まだ枯れたままの草原で、渦巻く緑を見つけ、スコップで一掘りした、ワサビダイコンを。山ワサビ、野ワサビ、アイヌワサビ、エゾワサビなどと呼ばれるものは、ほとんどが、このワサビダイコン（山葵大根）である。かつて導入された栽培種が、野生化したのだ。その根は、太く、下部が木質化し、上部が昨年に成長し、肥大成長した部分であって、その境に枯れ茎跡がある。すりおろしは純白で、強い香りがあり、辛味もかなりのものである。健胃、食欲増進、利尿、ほかに効果がある、といわれる。ローストビーフの付け合わせによく、淡水魚料理の白ソースにもおろし込むらしい。英名は、ホースラディッシュ（馬の二十日大根）である。

これは、セイヨウワサビ（西洋山葵）とも呼ばれ、ヨーロッパ原産の香料植物である。アブラナ科、セイヨウワサビ属の一種である。この科の植物は、葉、茎、根などに辛子油を含み、ワサビ、カラシナがそれらの代表である。

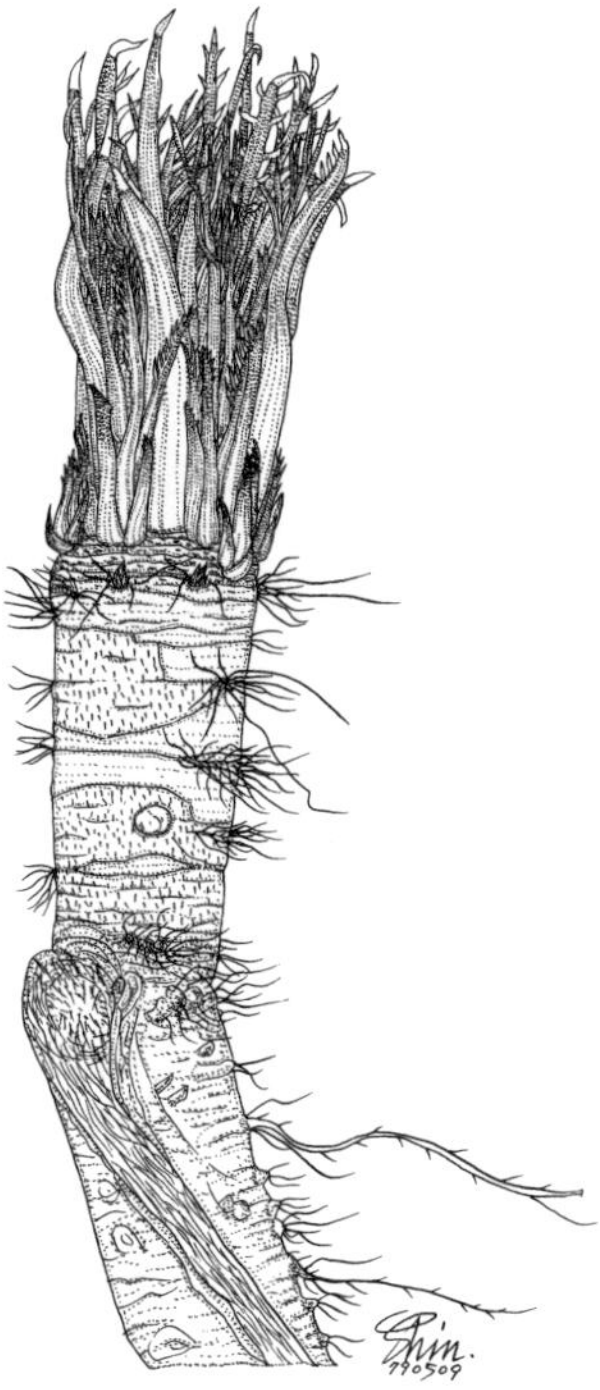

野わさびの鼻突ん抜けて遠き雲　藤森　蝶二

度忘れや野わさびに鼻奪はれて　松倉ゆずる

◆学名　*Armoracia rusticana*
◆科属　アブラナ科セイヨウワサビ属
◆季語　三冬；山葵大根《わさびだいこん》、セイヨウワサビ、アイヌ山葵《わさび》

たまねぎ　玉葱

地下室に、もの探しに入ったら、暗く涼しい片隅に、ジャガイモもそうであったが、タマネギが芽吹いていた。色淡い萌葱色をした茎が伸び、円筒の葉が伸び出していた。料理人である妻に一言断ってから、形のよい一球を書斎に運び、まず、晩酌の魚と同じように、筆ペンで軽くスケッチした。それから、硬いペンで、コツコツ描きはじめたが、一晩では終わらず、二晩目の夜半にようやく描き終えた。そして、茎も葉も萌葱色が濃くなり、葉がさらに長く伸びてきた。他方、球（鱗茎《りんけい》）は、いよいよ痩せて、薄い紙質の外皮が、あちこちくぼんできた。

鱗茎は、本来、越冬のための、あるいは、厳しい乾期をすごすための、地下の栄養貯蔵庫である。つまり、鱗茎は、地上に出るはずの葉が、短くなり、肥厚して、地下に潜ったものであって、春になれば、あるいは、雨季を迎えれば、蓄えられていた栄養を用いて、茎を伸ばし、花をつけ、種子を散布するのである。それゆえ、地上部が伸びれば、地下部の栄養分が失われ、痩せてくるし、やがて、地下で消失してしまうのである。それでも、二本の茎が伸びれば、花後も条件がよければ、秋には二つの球が形成される可能性もある。

ヒトは、文明を発達させながら、野生の植物を、上手に品種改良してきた。タマネギの歴史のはじまりは、エジプト文明であり、古い。

玉葱の乾く音して夕映えぬ　　岡澤　康司

玉葱の息づく室に春の雷　　大川つとむ

◆学名　*Allium cepa*
◆科属　ユリ科ネギ属
◆季語　三夏；玉葱《たまねぎ》、葱頭《たまねぎ》

おおいたどり　大虎杖

草萌える季節になった。半年ぶりの大地の色は、温もりは、まことにすばらしい。そちこちで、草ぐさが新芽を伸ばしはじめた。アキタブキ、オオヨモギ、オオイタドリ、オオウバユリ、ギョウジャニンク、……。

オオイタドリは、北方系の、高さが二～四メートルにもなる、タデ科の超大型草本であり、本州方面のイタドリとは別種である。これは、太く長い地下茎をもち、太くて中空の、節ある地上茎をぐんぐん伸ばす。若茎（新条）は、酸味があって、山菜として食べられる。大きい葉をつけた茎が群生し、夏から秋に、風に戦ぐようすは、怒濤のようにも見える。雌雄異株であるから、花時には、こちらは上向きの雄花の叢生株、あちらは下向き雌花の叢生株、となる。

冬に枯れると、この茎は、刈り集められて、防風柵に編まれた。なまじっかの根曲がり竹（チシマザサ）編み柵よりも、葦簀よりも、立派な防風防雪の柵、垣であった。

これは、俳人により、ドングイ、ドグイ、と詠まれる。ドグイの芽、ドグイ虫、枯れドグイ、ドグイ垣、などなどである。本州方面では、別名（古名）が、タジヒ、サイタズマ、である。ドグイは、北海道語なのであろうか。

アイヌ語では、これはクッタルであり、屈足（十勝、新得町）、倶多楽湖（胆振、白老町）などの地名となっている。漢字では、虎杖と書く。それゆえ、白老町の虎杖浜は、クッタル浜であり、和訳されてイタドリ浜となり、漢字を当てられ、それが音読みされたのである、といえるはずである。

いたどりのかぶさる径を帰りけり　白川　一久

ドグイ伸び皆漁師になる子ばかり　千葉　能宣

◆**学名**　*Reynoutria sachalinensis*

◆**科属**　タデ科イタドリ属

◆**季語**　（いたどり）**仲春**；虎杖《いたどり》、さいたずま、みやまいたどり。**晩夏**；虎杖《いたどり》の花《はな》

ざぜんそう　坐禅草

春の湿地には、ミズバショウ（水芭蕉）が目立つけれども、その近縁にはもう少し地味な花がある。ザゼンソウ（坐禅草）であり、紫の衣を着た僧が、坐禅をした姿に似るので、名づけられたらしい。この紫の衣は、苞《ほう》であり、花を包む器官であるが、特に仏炎苞《ぶつえんほう》という。これは、卵円形をし、一方が開き、質が厚く、七〜八センチの柄（花序軸）があるが、苞の基部まで地下にあることが多い。この絵では、地下まで暴いた感があり、厳粛なムードを壊してしまった。苞の先がとがって、やや下向きになり、その形から、ダルマソウ（達磨草）、ベコノシタ（牛の舌）の別称もある。眺めているだけなら、ゆかしい花、高貴な花、厳粛な花であるが、掘り取って、数時間もスケッチしていると、その悪臭にはすっかり参ってしまう。

ザゼンソウは、サトイモ科、ザゼンソウ属の多年生草である。地上茎がなく、葉は、根生し、円心形をし、長い柄をもち、花時には縦に内巻きになるが、花後には長さが二〇〜四〇センチになる。苞のなかに、楕円形の肉穂花序《にくすいかじょ》があり、小花がびっしりついていて、それぞれに雄ずいが四個あり、花穂のつぶつぶとなっている。

これは、北海道、本州、樺太、アムール、ウスリーに分布する。地下茎は、太く短く、太いひげ根が数多くでる。類似変種が北アメリカに分布していて、ひどい悪臭があるために、スカンクのキャベツと呼ばれる。やや小型の類似種に、ヒメザゼンソウ（姫坐禅草）があり、六月下旬に花をつける。

人去りて静謐もどる坐禅草　中村　啓子

ひと嫌ひ激しき夕べ坐禅草　三栖菜穂子

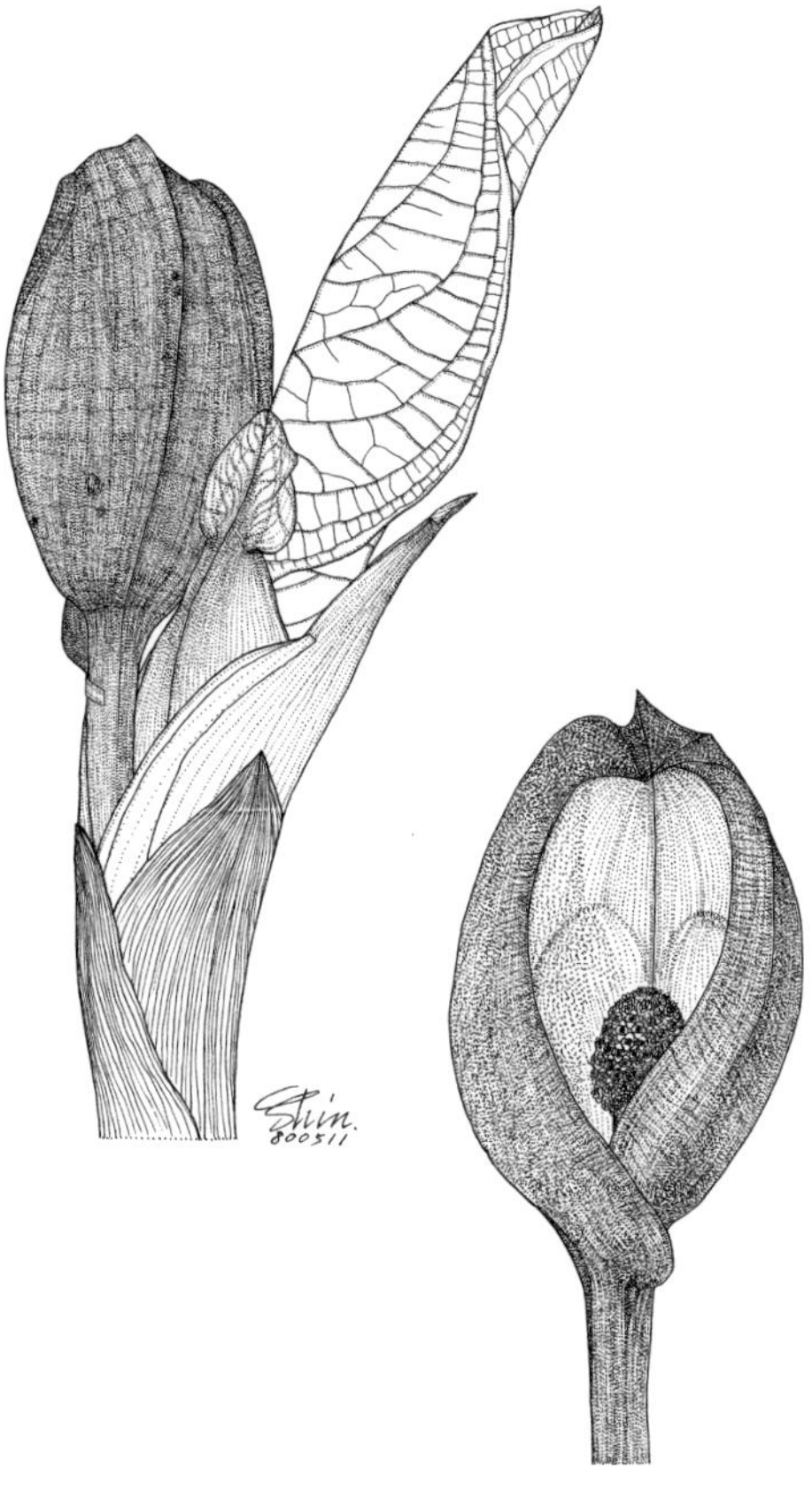

◆学名　*Symplocarpus renifolius*
◆科属　サトイモ科ザゼンソウ属
◆季語　晩春；坐禅草《ざぜんそう》、座禅草《ざぜんそう》、達磨草《だるまそう》

カーネーション・・・・・・・・・・・・・・・

この年の母の日は、一〇連休の最後の日であった。花を求めて、母へ贈る習わしが、わが国にも定着してきている。小学生にかぎり、一花が一〇〇円という花屋まであらわれた。「何々の日」の、一日かぎりの、お義理のプレゼントは、まったく、商人に仕掛けられているようである。もっとも、栽培者、運送車、販売者、などを養っているのではあるけれども。

母が逝って、すでに九回忌がすぎた。生きている母へは、赤色のカーネーションの花を、亡くなった母へは、白いカーネーションの花を贈るのだそうである。わが母の墓が、はるかに南にあるので、道産子一世としては、仮の仏前に供えてきた。けれども、この年には、私が入院して、それも叶わなかった。人生の下り坂になって、膝の故障で病床にあると、私でも、いつもより感傷的になるようである。退院の間際に、リハビリテーションもかねて、散歩に行き、花屋で、ピンク色の一花を買い求めた。残りものとて、一〇〇円にしてくれた。それを、病床で、描いた。

カーネーションは、ナデシコ科、ナデシコ属の多年生草であって、南ヨーロッパから西アジアにかけての原産である。江戸時代に、わが国へもたらされ、オランダセキチク（和蘭石竹）、アジャンベルとも呼ばれた。これは、世界的な園芸花卉のひとつであり、品種改良が進み、八重咲きものが店頭に並べられる。八重咲きは、雄しべが花弁化したものであり、種子ができない。カーネーションは、芽挿し増殖され、温室栽培により、一年中いつでも入手できる。

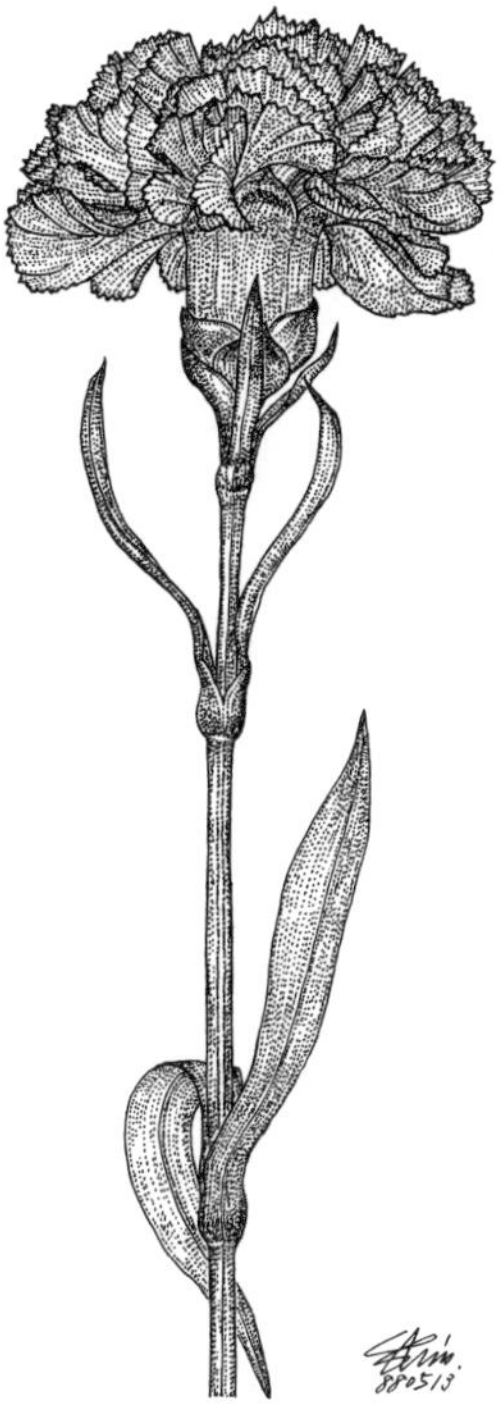

受付に母居り母の日のバザー　吉井　莫生

長距離電話母の日母の顔みたし　篠原　清子

◈学名　*Dianthus caryophyllus* cv.
◈科属　ナデシコ科ナデシコ属
◈季語　初夏；カーネーション、和蘭石竹《オランダせきちく》、和蘭《オランダ》撫子《なでしこ》

くさそてつ　草蘇鉄

雪解け川の水の濁りが薄れてくるころ、クサソテツを手折りにゆく。これは、山菜としては「こごみ」の名前で知られる。拳のように、渦を巻いて芽生えてきて、あっという間に、大きく伸びきってしまい、食べごろのタイミングが意外とむずかしい。

これは、若葉がくるくるほぐれて伸び、高さが一〇〇センチくらいになり、三〇～四〇対の羽片をつけ、数枚が輪生し、鮮緑色に茂る。食べる部分は、茎ではなく、葉柄《ようへい》（および葉身《ようしん》の中軸）であり、調理する際にむしり取るのは羽片である。これは、あく抜きが簡単であり、ごま味噌和えがうまい。採って、むしって、食卓にだすのは妻がやり、夫は描いて、食べるだけである。採った一部は、冬用に塩蔵しておく。干して貯蔵する場合もある。正月に、あるいは雪解けごろに、戻して食べるのも楽しみである。

夏から秋に、輪生した葉群から、胞子葉《ほうしよう》（花に相当）が伸び出し、無数の微細な胞子（種子に相当）を飛散させる。春に伸びた葉が、栄養葉であり、光合成をする。この胞子葉は、固く、冬にも枯れたまま立ち、イヌガンソクの胞子葉と同様に、生け花の材料に使われることがある。これは、オシダ科、クサソテツ属のシダ植物であり、日本各地のほか、東アジア、ヨーロッパ、北アメリカの山野に広く分布し、川沿いの、湿りのある、肥沃な土地に、生育する。クサソテツ（草蘇鉄）は、ソテツに似た葉を意味し、こごみは若葉が腰をこごめたように見えるから、といわれる。

晴れあがる雨あし見えて歯朶明り　室生　犀星

合掌すわらび手折りし渋つけて　高橋樹実路

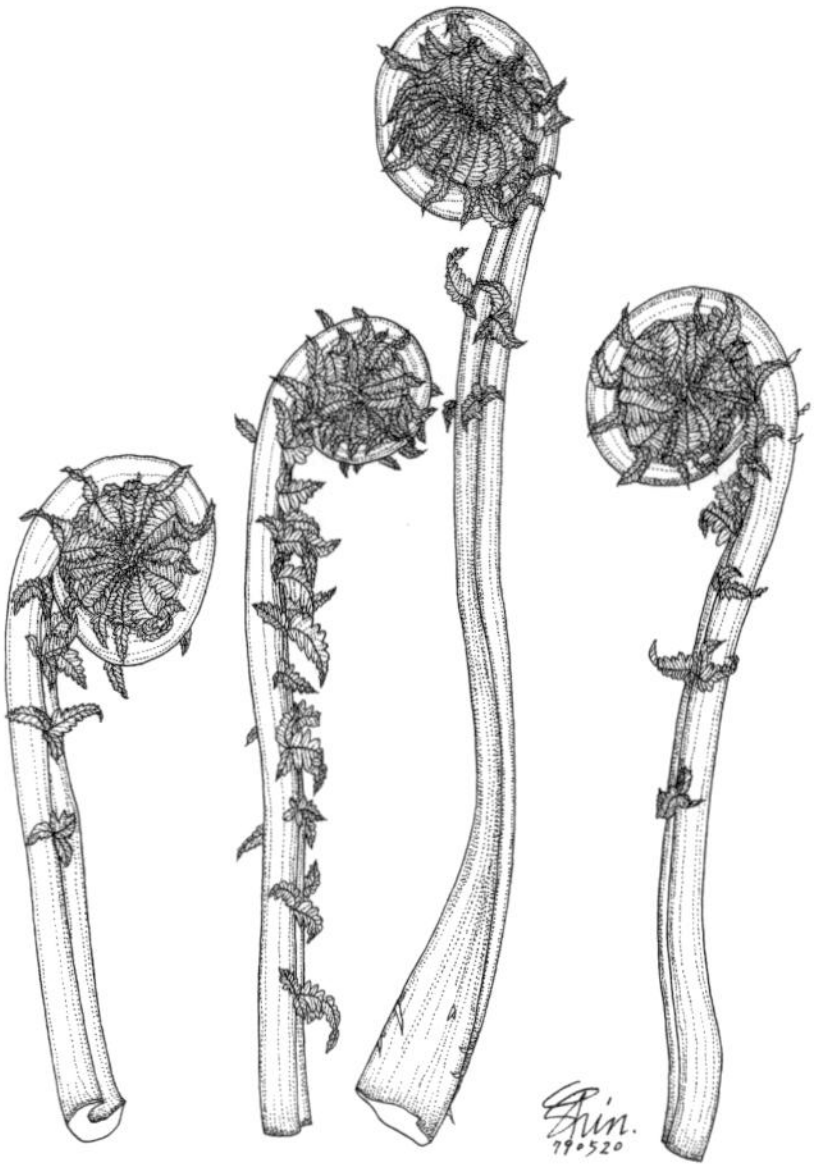

◆学名　*Matteuccia struthiopteris*

◆科属　オシダ科クサソテツ属

◆季語　（シダ）**初夏**；青歯朶《あおしだ》、歯朶若葉《しだわかば》

うめ　梅

二月の中旬に、郷里の伊勢原へ行った。母の見舞いのためである。神奈川県の中南部は、ミカンができ、棕櫚が生育し、石垣苺の産地であるほどに、温暖な地方であるが、この季節はまだ寒くて、草が地面にへばりつき、木の芽も固かった。それでも、母の部屋の前のウメの木は、一分から二分に花が開いていたし、残りの蕾もふくらんで、一輪、また一輪、と咲きだしそうであって、ふくよかな香りが漂っていた。

ウメの花弁は白く、五枚がふつうであるが、ときどき、六～七枚のものもあり、雄しべが花弁化したものさえ見出される。春早くに、芳香のある花を開くので、観梅は古くから行われてきた。万葉集では、ハギ一四〇首、ウメ一〇〇余首、サクラ四〇余首が歌われ、花といえばウメ、という時代もあった。

ウメは、バラ科、サクラ属、スモモ亜属の小高木であり、アンズ、スモモと同類である。中国の長江流域の原産であり、わが国へは古くに渡来した。梅干しが本来の目的であって、早くから、そちこちの屋敷に、数本が自家用に植栽されてきた。なかには、紅梅のように、観賞のための品種さえつくりだされた。今日、果実生産や有名な梅園を別にすると、多くの屋敷のウメの木は、剪定がなおざりにされ、大きな蓑虫がたくさん垂れている。

危篤から一週間で、母は永眠した。葬儀の日には、朝から雪が舞い、この冬いちばんの寒さとなり、ウメは三分咲きのままであった。

ウメも一枝死者の仰臥の正しさよ　石田波郷

白梅や日光高きところより　日野草城

◆**学名**　*Prunus mume*

◆**科属**　バラ科サクラ属

◆**季語**　**初春**；梅《うめ》、野梅《やばい》、臥龍梅《がりゅうばい》、青龍梅《せいりゅうばい》、残雪《ざんせつ》梅《ばい》、飛梅《とびうめ》、鶯宿梅《おうしゅくばい》、盆梅《ぼんばい》、枝垂梅《しだれうめ》、梅《うめ》が香《か》、白《はく》梅《ばい》、老梅《ろうばい》、梅林《ばいりん》、梅園《ばいえん》、梅《うめ》の里《さと》、梅屋敷《うめやしき》、梅《うめ》の宿《やど》、梅《うめ》の主《あるじ》、梅見《うめみ》、観梅《かんばい》、夜《よる》の梅《うめ》、紅梅《こうばい》、未開《みかい》紅《こう》、薄紅梅《うすこうばい》。**仲夏**；青梅《あおうめ》、梅《うめ》の実《み》、煮梅《にうめ》、豊後《ぶんご》梅《うめ》、信濃梅《しなのうめ》、甲州梅《こうしゅううめ》、小梅《こうめ》、実梅《みうめ》。**晩秋**；梅紅《うめもみ》葉《じ》。**仲冬**；冬至梅《とうじばい》。**晩冬**；早梅《そうばい》、早咲《はやざき》の梅《うめ》、冬《ふゆ》の梅《うめ》、梅早《うめはや》し、寒梅《かんばい》、寒紅梅《かんこうばい》

なし　梨

新潟の義弟から、大きなナシが送られてきた。ニホンナシにしては、その形が球状ではない。むしろ、ラ・フランス風なのだ。赤梨系の果皮だが、果肉は白く、水分が多めで、甘味が薄く、酸味が強い。それに、ニホンナシは貯蔵に難があるというのに、一月になっても傷まないとは！　長十郎が二五〇グラム、二十世紀が三〇〇グラムくらいなのに、これは四五〇グラムもある。ナシの王様だ。

晩三吉《おくさんきち》、これがこの大ナシの品種名である。新潟県の中蒲原地方は、天明二（一七八二）年ころ、ナシの主要な産地であって、晩生品種が栽培され、長持ちするナシが江戸へ運ばれたらしい。明治時代には、ニホンナシの代表的な品種の一つであったが、長十郎、二十世紀、八雲、幸水などの新品種に追われて、今日では、細々と栽培されているらしい。

日本人の早生品種好み、甘み好みで、リンゴ、ミカンもそうであるが、酸味があって長持ちする品種は、消滅しそうな状況にある。これでよいのだろうか、温室育ちの早生品種ばかり食べていて？　晩生品種こそ、本物の味である、と思えるのだが。冬に食べられ、ニホンナシの歯ざわりがあり、長持ちし、大きい、などなどの特徴は、晩三吉が今日でも栽培される理由かもしれない。これは、早生三吉の偶発実生といわれ、一〇月にはまだ市場にでない。黒斑病《こくはんびょう》にも強い。このナシの命の長いことを切望する。

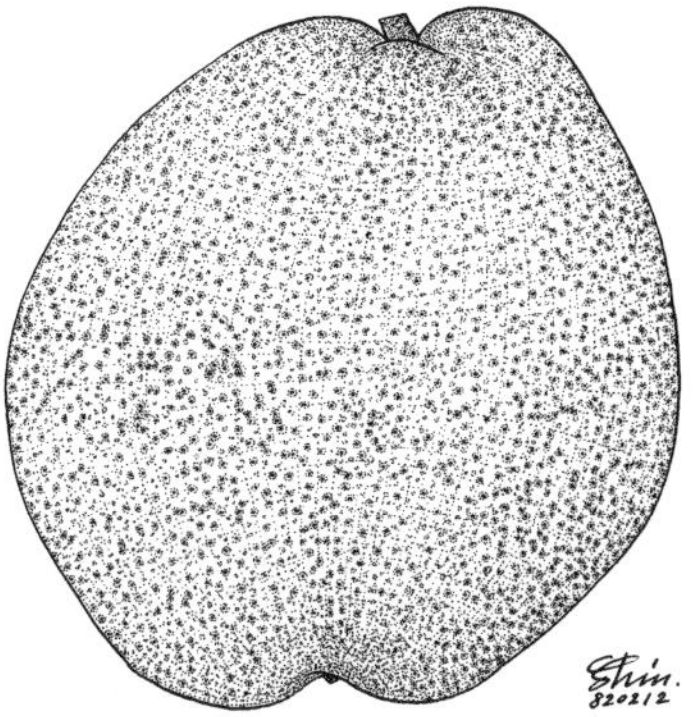

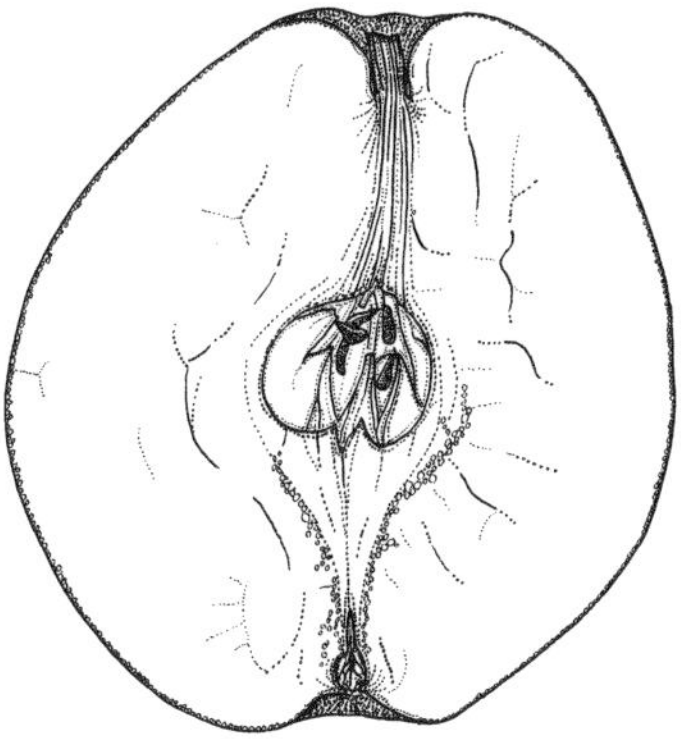

梨を喰み雨夜の話題遠き人へ　大野　林火

妹が歯をさくと当てたる梨白し　清水　基吉

◆学名　*Pyrus pyrifolia* ‘Okusankichi’
◆科属　バラ科ナシ属
◆季語　晩春；梨《なし》の花《はな》、梨花《りか》、梨花《なしばな》、梨咲く《なしさく》。三秋；梨《なし》、日本梨《にほんなし》、赤梨《あかなし》、青梨《あおなし》、長十郎《ちょうじゅうろう》、二十世《にじっせい》紀《き》、洋梨《ようなし》、シナ梨《なし》、梨子《なし》、有《あ》りの実《み》、梨売《なしう》り。三冬；晩三吉《おくさんきち》、冬《ふゆ》の梨《なし》

ゆずりは　譲葉

高知県の山間を、レンタカーで走った。「四国の命」とも、四国の「水がめ」とも呼ばれる早明浦ダムを見学して、西に向かった。三一年目の旧婚旅行の途次であった。国道四三九号線を、われわれは、日本一の大スギのある大豊町から、本山町、土佐町、吾北村まで走り、さらに、仁淀川沿いの国道一九四号を、伊野町、高知市へとたどる予定であった。ところが、四三九号は、「国道」とは名ばかりで、かなりの距離にわたって、軽自動車でも退避しないと通れない、ほどの狭さであった。

参勤交代の時代の、馬か籠が通る道、という幅の狭さに呆れ、困り、昔を想い、で、ゆっくり、がまん強く運転した。ただし、道路の改良工事が行われていたので、いずれ、快適になるであろう。道端には、菜の花が咲き、モウソウの竹林があり、棚田があり、民家がありで、ゆっくり走行も加わって、旅情としては申し分なかった。

妻が写真を撮っているあいだに、民家と石垣の景色をスケッチしていたら、道端に、大きなユズリハが目についた。葉は、大きく、細長く、長さが二〇センチあまりもあり、やがて、新葉と交代して（光合成を譲って、譲り葉）、散っていくのである。これは、ユズリハ科、ユズリハ属の常緑性高木である。北海道には、これの変種エゾユズリハが生育するが、こちらは、寒さを避けるために、小型化して（低木になって）、積雪の布団を利用している。

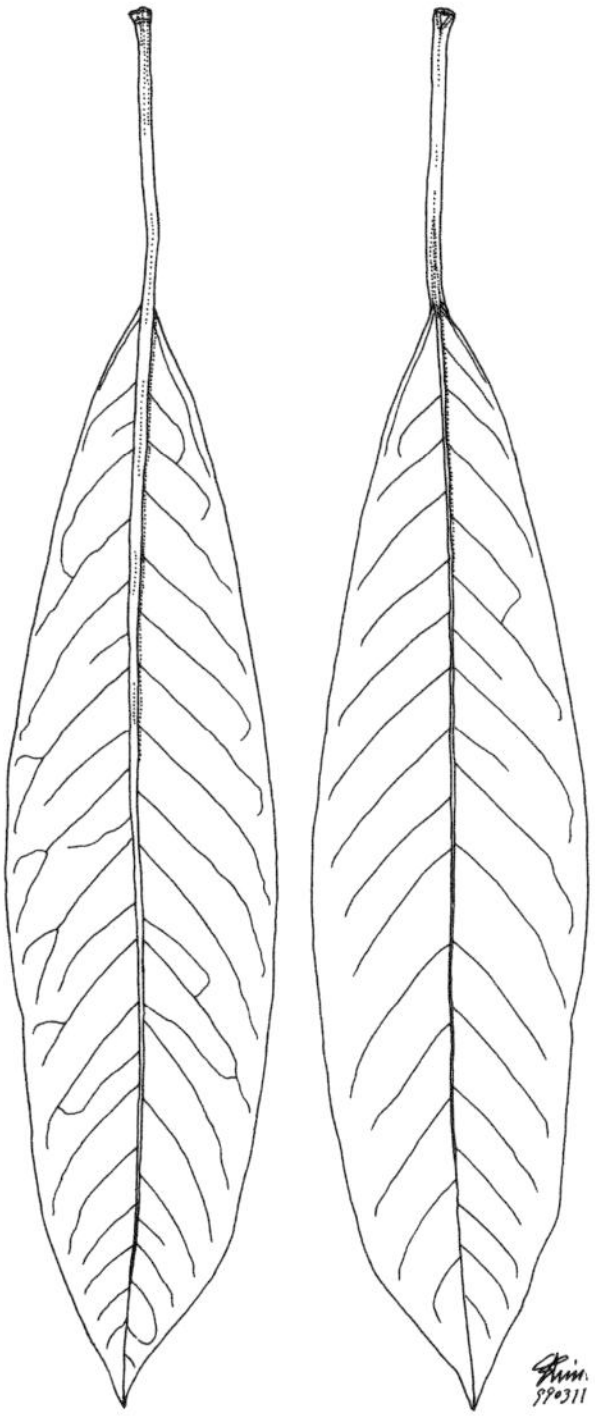

常盤木の芽のひそみゐる多摩御陵　岡澤　康司

常盤木の緑つややか初御空　森　富枝

◈**学名**　*Daphniphyllum macropodum*

◈**科属**　ユズリハ科ユズリハ属

◈**季語**　**新年**；楪《ゆずりは》、交譲葉《ゆずりは》、杠《ゆずりは》、譲葉《ゆずりは》、楒《ゆずりは》、親子草《おやこぐさ》

ぶんたん　文旦

美唄のAさんから、大きなミカンをいただいた。レモン色で、やや三角形の縦断面をもつ、よい香りのものである。いろいろ調べてみたら、どうやら、これは、ザボン（朱欒）の仲間らしい。ザボンは、直径が二〇センチにもなり、ミカン類の王様である。その一品種で、セイヨウナシの形をしたものを、ブンタン（文旦）というようである。この絵のものは、高知から送られてきたものであって、直径が一〇センチ、高さが八センチもある。もっと大きく、一五センチにも達するものもあるらしい。わが国では、九州南部や南四国で栽培されている。

ブンタンは、また、ボンタンとも呼ばれる。近頃はやりのグレープフルーツも、同じザボンの仲間であり、ブンタンと味が近い。この仲間は、パルプ状の白い部分（中果皮《ちゅうかひ》）がいちじるしく発達して、厚く、袋（内果皮）は意外に小さい。生食するほかに、中果皮ごと砂糖漬けにする。そういえば、グレープフルーツも砂糖をかける。また、ザボンそのものの砂糖漬けを、文旦漬けといい、鹿児島土産の一つである。

ブンタンといい、ザボンといい、ミカン類は、江戸時代に、東南アジア、西アジア、地中海地方から、南蛮船によりわが国にもたらされたものが多いようである。そして、暖地に定着し、ウンシュウミカンの全盛期にも、細々と残されてきた。今日、グレープフルーツ、レモン、オレンジなどの、アメリカ産ミカン類の大量流入時代であるが、南蛮風のザボン、ブンタンは、それでも生き残ってゆくにちがいない。

朱欒割くや歓喜の如き色と香と　石田　波郷

ボンタンの枝ひくければ黄金玉あらしの雨に泥はねにけり　中村　憲吉

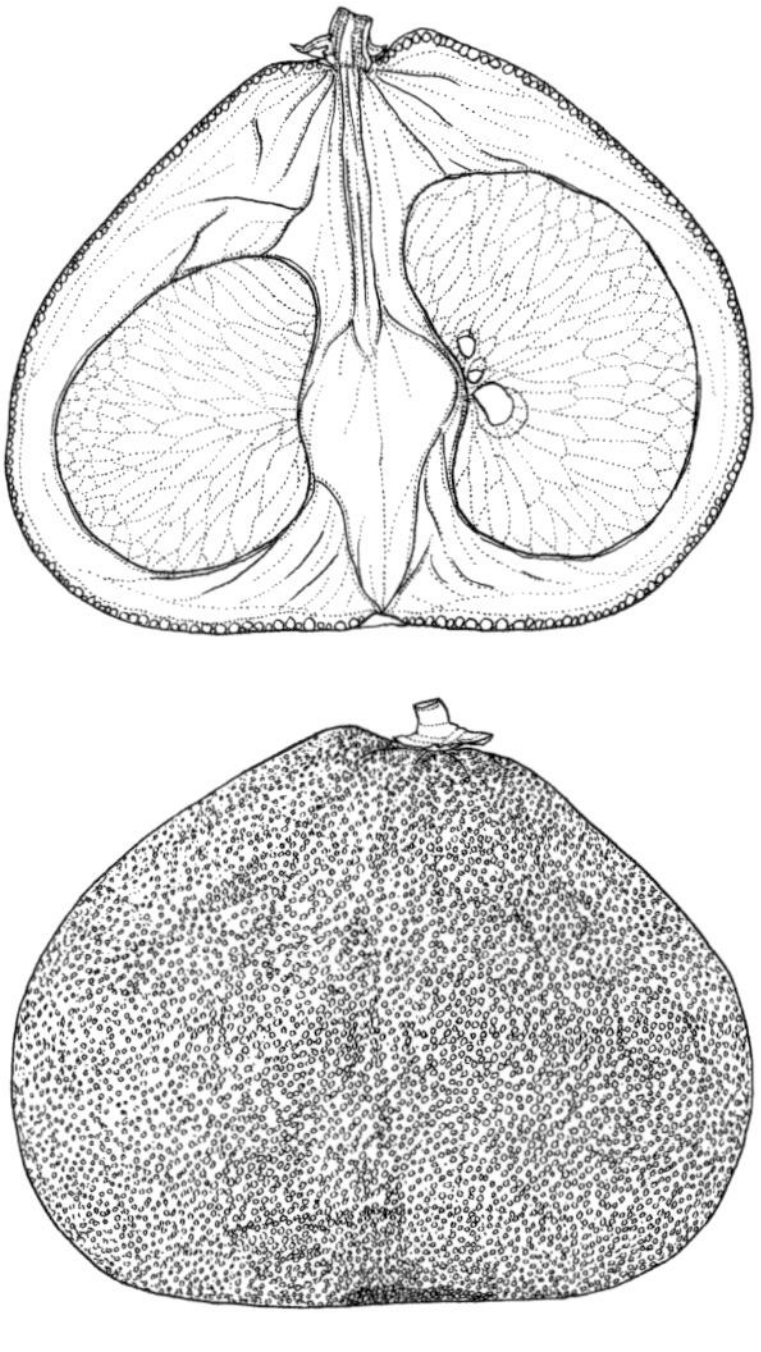

◆学名　*Citrus grandis*
◆科属　ミカン科ミカン属
◆季語　三冬；朱欒《ざぼん》

うばめがし

足摺岬に行って、ツバキのトンネルを通り抜け、黒潮の太平洋の波浪を眺めた。黒潮の風に吹かれた。ツバキの花はなお咲いていたが、三月の半ばであり、全体として、落ちツバキの季節になっていた。妻がツバキの花の写真撮りをしているあいだに、灯台や金剛福寺をスケッチしつつ、「こぼれ散る紅椿…、辛口の地の酒を…」と口ずさんだ。ここにくる前に、川中美幸の歌う「豊後水道」を、毎日、車のカセットテープで練習してきたので。

岬の風衝地の森林には、ツバキをはじめ、常緑性広葉樹類が多い。もっとも風が強い場所に、磯馴れしつつ伸びた高木があった。その小さい、常緑性の硬い葉（硬葉《こうよう》、照葉）を二枚、葉痕《ようこん》から折り取った。葉はミズナラのミニ版であり、葉裏に短密毛が生え、潮風に耐性が強いことがうかがわれ、昆虫の卵さえ産みつけられていた。ウバメガシであり、材も硬い。北国の人びとには縁がない樹種であるが、炭火焼きの通なら、火もちがダントツの備長炭を知っているにちがいない。これから焼いた木炭である。

これは、ブナ科、コナラ属に属し、常緑性なのにナラ類（楢、コナラ亜属）である。落葉性がナラ（楢）であり、常緑性がカシ類（樫、アカガシ亜属）なのであるが、自然界には、ときどき例外がある。ただし、果実の皿（どんぐりの殻斗《かくと》、総苞《そうほう》）を見ると、ナラ類の特徴である、瓦重ねの総苞片をもっている（樫のそれは、輪層状である）。

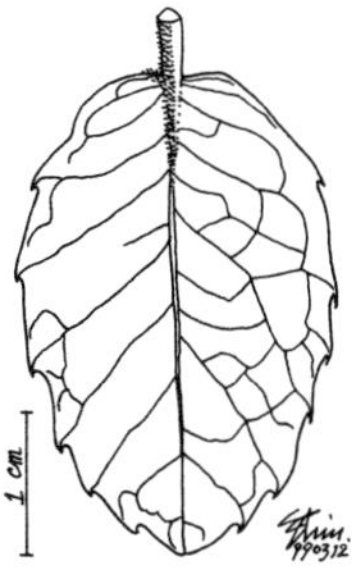

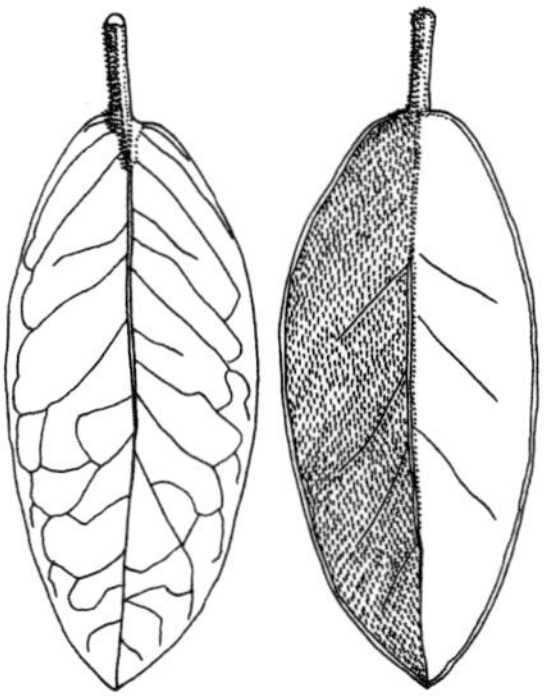

雨煙る燈台遠く楢芽吹く　相川　育洋

裏山に朽ちし炭窯鵙日和　小林　順子

◆学名　*Quercus phillyraeoides*

◆科属　ブナ科コナラ属

ばら　薔薇

妻の誕生祝いの花束が、友人から贈られてきた。これを、その友人から快気祝いに贈られたガラス器に入れて、一週間ほどは居間に飾り、その後は涼しい玄関に飾った。生気があるうちにスケッチを、との思いで、薄桃色のバラ一本をコップに移して、書斎に運び、夜半すぎまで描いた。さすがに、日数を経て、バラの上向きの花が、やや斜めになってきて、小首を傾ける格好になったが、スケッチはしやすかった。

水道水は、塩素を含むせいか、切り花の日もちが悪い。蒸留水を使うと、日もちがよくなる。さらに、生きるための栄養として、蜂蜜や砂糖を溶かした蒸留水が、より長い日もちを確約する。こんな発表が、わが造園林学科の女子の卒業研究にあった。バイオテクノロジーで、花卉を研究しているH講師の話では、昔から、花舗では、銀を含む溶液が、日もちをよくするために用いられてきたけれども、今日では、公害を考慮して、植物ホルモン系統の日もち溶液が、主として使われつつあるらしい。

このバラの花は、花弁が多く、雄ずいがすべて花弁に変態したタイプであって、雌ずいも弱いであろうから、結実せず、タネが採れないから、挿し木あるいは接ぎ木で増殖されるのであろう。『園芸植物大事典』の数多くの写真を見ると、それらしい形と色の園芸品種がいくつかあるけれども、この栽培バラの名前は定かではない。

むつまじくあれや祝婚の薔薇赤し　坂田　文子

嫁ぎたる娘の居るごとくバラ咲けり　田中　草門

◆**学名**　*Rosa* cv.

◆**科属**　バラ科バラ属

◆**季語**　**初春**；薔薇《ばら》の芽《め》。**初夏**；薔薇《ばら》、しょうび、花《はな》ばら、薔薇《ばら》香《かお》る、薔薇《ばら》散《ち》る、薔薇《ばら》園《えん》

せいようきづた　西洋木蔦

・・・・・・・・・・・・・・

四国の高速道路の路傍植栽（防音、防塵、視線誘導、大気浄化、景観、ほか）を視察・指導してきた。ハード一辺倒であった土木屋さんたちが、近年、緑に目覚めて、緑づくりに努力しはじめた。自分でも酸素を吸っているのだから、当然といえば、当然である。法面に樹林を仕立てて、樹林を育てるスペースがないと、防音壁を建てる熱心さである。中央分離帯の生垣もよかった。ただし、生きものの扱いが、もう一つ工夫が欲しく、風倒防止、枝張り抑制、間引きなどの保育管理が、いまだ不十分であった。

防音壁は、コンクリート板が一般的であり、ほかに金網、鋼板、丸太もあった。そして、いずれの場合にも、つる植物が壁面をはい上がるように植えられていた。つる類では、落葉性のツタ（ナツヅタ）もあったが、大半のケースでは、キヅタ（フユヅタ）が用いられていた。自生する、ツルマサキ、テイカカズラ、イタビカズラ、などが望ましいのであるが。

キヅタは、ウコギ科、キヅタ属のつる類であり、自生のキヅタではなく、セイヨウキヅタの栽培変種であった。学名のヘデラで呼ばれているが、英語のアイヴィである。これは、常緑性で、旺盛に繁茂し、壁面や地面をおおう（グランドカバー）。ただし、成長し続けている周辺部では、旺盛であるが、もとの部分が劣勢化してくる。なお、剪定《せんてい》すれば、そこも若返る。

蔦植ゑて竹四五本のあらしかな　　松尾　芭蕉

高槻の幹の青さよ木蔦巻く　　紺屋　晋

◆**学名**　*Hedera helix* cv.

◆**科属**　ウコギ科キヅタ属

◆**季語**　（キヅタ）三冬；木蔦《きづた》、冬蔦《ふゆづた》

やちだも

空知地方では、一年の半ば以上が、落葉期間である。このことは、多くの樹種についてである。もっと、ずーっと長く落葉する樹種は何か？　と問われれば、ヤチダモである、と答える。ヤチダモは、春遅く開葉し（六月上旬）、せいぜい四カ月間（一年の三分の一の期間）だけ着葉しているにすぎない。これは、寒さに適応した樹種と見られ、母種が中国東北部（旧満州）にも生育する。遅い開葉は、晩霜に用心深いのである。光合成に不適な期間には、無理しないのであろう。

この樹形は、特に、裸木の樹形は、すばらしい。谷間の通直な個体も、強風地の偏形した個体も、粗い枝振りや、太い一年生枝に特徴があり、描きやすい。わが庭に天然侵入してきた苗木は、いつ大木に？

ヤチダモの名前は、谷地《やち》（谷間、川辺）に生育することに由来する。ただし、谷地といっても、排水のよい場所を好む。それでも、泥炭地のような場所にも、かなり耐えて生育できる。それで、低湿地域の鉄道防雪林、耕地防風林、屋敷林などの、典型的な構成者となっている。また、谷地の名前があっても、乾燥にも、潮風にも十分に耐えて、海岸線の台地上に、立派な鎮守の森、屋敷林を構成する。

これは、モクセイ科、トネリコ属の一種であり、北海道でも有数の大木になる。高さが三〇メートル、直径が一〇〇センチにも達し、通直な幹に特徴がある。樹皮は厚く、灰白色をし、深く縦に裂ける。木材は、弾力性に富み、木理が美しく、合板、家具、運動具（バット、アオダモの代替品）などに、広く用いられる。かつて、測量用の三脚の材は、これであった。

冬の水木影をおさめつくしけり　土岐錬太郎

鳥みるも樹みるもよし冬を歩く　紺屋　晋

◆学名　*Fraxinus mandshurica* var. *japonica*

◆科属　モクセイ科トネリコ属

かんのんちく 観音竹

建材（壁材、断熱材、窓枠、ほか）が改良され、暖房も完備してきたので、室内に鉢物が多くなって、北国でも、冬の緑を楽しめるようになった。たいへん結構なことである。鉢物といえども、光合成によって、酸素を放出するし、空気の浄化もする。ただし、そのためには、鉢植え植物は、十分な量の光、水、栄養分に恵まれる必要がある。

しかし、次つぎに、熱帯から亜熱帯原産の植物（おもに、観葉植物）が、輸入されてきて、園芸品種も混じっているであろうけれども、種名がわからないものが多い。その上、私は、北国の野生植物には詳しくても、南方のものには、勘が働かないから、まったくお手上げである。

わが職場は、林業試験場であり、北国の緑に責任ある立場である。けれども、さすがに、冬場には、鉢物を飾る程度にすぎない。玄関ホールに、大きな鉢が置かれ、掌状葉の、シュロに似た木本が、三本ほど立っている。この天狗の羽団扇のような葉は、幅が四〇〜五〇センチもあり、五〜一〇枚に深く裂ける。それぞれの裂片の先端は、広めであり、鋸歯《きょし》状である。葉鞘《ようしょう》の繊維は、太く、硬く、目が粗い。

カンノンチクは、ヤシ科、カンノンチク属の代表種であり、中国南東部産であって、中国名が棕竹である。同じヤシ科のシュロ（棕櫚）に葉が、イネ科のタケ（竹）に茎が、それぞれ似ているからであろう。観音竹の和名は、琉球経由で渡来した際に、首里の観音堂（臨済宗）に植栽されていたから、といわれる。本土での栽培は江戸時代前期（一七世紀末）である。これと似たものに、同属のシュロチク（棕櫚竹）がある。

枯れいそぐ部族の砦棕櫚の風　　岡澤　康司

大雪解鉢売り多弁な国なまり　　木村　敏雄

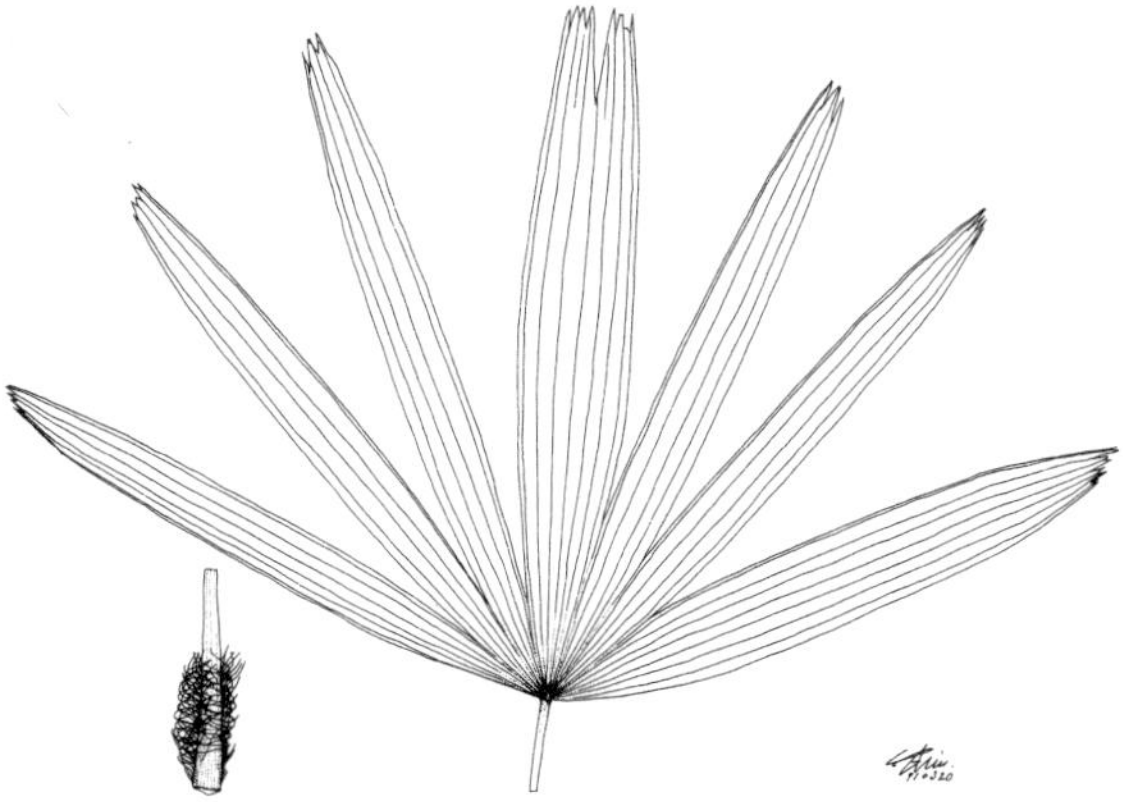

◆学名　*Rhapis excelsa*

◆科属　ヤシ科カンノンチク属

でこぽん

この年も、春休みに、四国へ出かけた。四度目は、愛媛県となった。松山のホテルに三泊して、レンタカーを頼りに、高速道路の路傍植栽の視察と、四国霊場八十八カ所のいくつかを巡るためであった。南国とはいえ、三月中旬は、かなり肌寒く、サクラはいまだであった。それでも、菜の花が美しかった。そして、お遍路の巡礼が目立った。毎年、感じることであるが、弘法大師は、宗教の大師であるとともに、観光業の元祖である。多くの人びとが、私もその一人であるが、宗派がちがっても、交通の不便な山中や岬に出かけて、真言宗のお寺参りをするのであるから。

愛媛県は、ミカン類の産地である。ウンシュウミカンは、晩秋から正月ころが食べごろである。そして、早春には、伊予柑、八朔、甘夏、などの雑柑類が出まわる。それらに加えて、デコポンもある。デコポンは、お寺や観光地で売られていて、果皮が剥きやすく、酸味が弱く、甘味が強く、なかなかおいしかった。この旅行の後に、ご縁なのか、句友からデコポンが贈られてきた。

デコポンは、八一年版の『くだもの図鑑』に載っていないので、比較的に新しい栽培品種なのであろう。見た目には、サンポーカンのように、果柄のつけねの果皮が盛り上がっている。そして、果肉がポンカンに似ている。この両品種が掛け合わされて、こういう形と味の雑柑がつくりだされたのであろうか？　それで、凸のポンカンと名づけられたのであろうか？

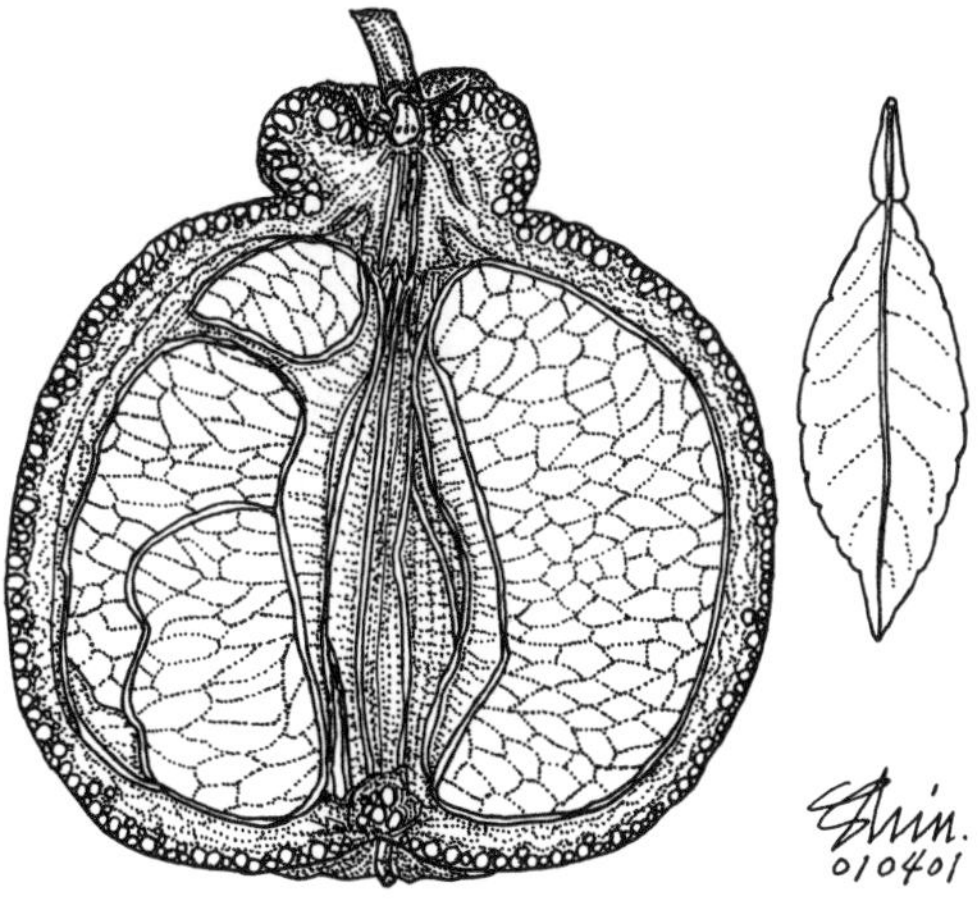

伊予弁のガイドのとちり蜜柑酸し　入谷　和子

泣けば負け爪立ててむく伊予蜜柑　渕田　圭介

◆学名　*Citrus* cv.
◆科属　ミカン科ミカン属

はくもくれん　白木蓮　・・・・・・・・・・・・・・・

四月上旬に、日本林学会での研究発表のために、上京したときのことであった。この春には、寒さのせいで、サクラ（染井吉野）の花が遅れていて、代わりに、ハクモクレンの花が目立った。

ハクモクレンは、白木蘭であり、漢名を玉蘭といって（木蓮はモクレンモドキ属）、わが国でも、古くから庭木として植栽されてきた。高さが一〇メートルになり、樹形、開葉前の開花（葉前開花《ようぜんかいか》という）、耐寒性、優雅さ、などから検討すると、同じモクレン属のオオヤマレンゲ、キタコブシ、シデコブシ、タムシバ、モクレン（シモクレン）、そしてホオノキのいずれよりも、ハクモクレンはすばらしい庭木といえよう。

この蕾（花芽）は、枝先につき、大きく太く、卵形ないし長卵形をして、長さが二センチくらいあり、長い銀色の毛に包まれる。葉芽は、小さく、細長い。芽鱗《がりん》は、対をなし、托葉《たくよう》起源であって、二組ある。花弁は、クリーム色を帯びた白色であり、上を向いて、半開する。九枚のうち、外側の三枚は、形態的には花弁ではなく、萼片《がくへん》である。よく見ると、花弁には葉の葉脈《ようみゃく》のような線があり、葉が変態したものである、と思わせられる。葉が葉緑素を失い、虫集め用になったのである。

ハクモクレンの幹は直立し、枝が上向きで、細い枝も立って、早春には、陽光の下に、枝先に大きい白花をつけ、樹全体が、白い鳥がとまったように、咲き誇り、香りも高い。これは、北国においても、寒さによく耐え、山野のキタコブシの清楚さとはちがった、「爛漫」という感のある、庭の樹である。

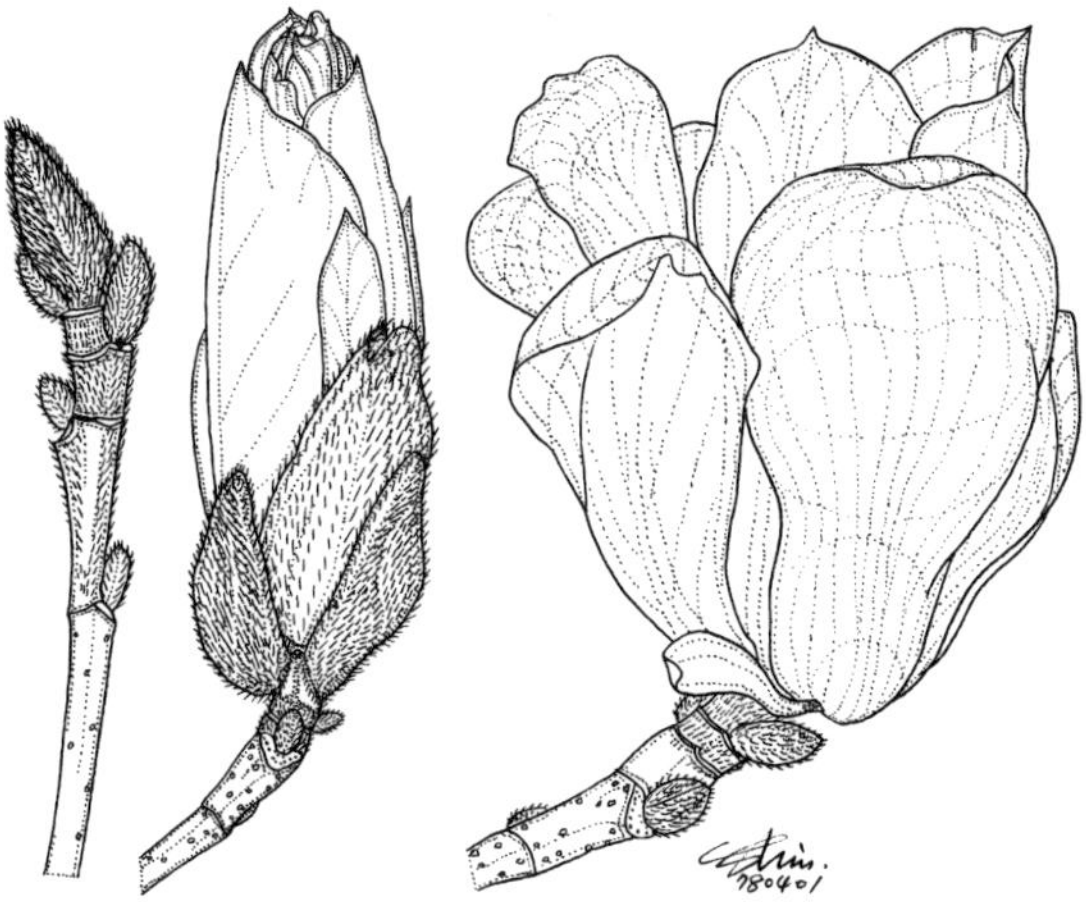

木蓮の花許りなる空を瞻る　　夏目　漱石（瞻る＝みる）

白木蘭五欲ばなれの貌で佇つ　　北島　照代

◆学名　*Magnolia heptapeta*

◆科属　モクレン科モクレン属

◆季語　仲春；木蓮《もくれん》、白木蓮《はくもくれん》、はくれん

ひさかき

柃

・・・・・・・・・・・・・

　母の一周忌に少し遅れたが、三月末に、墓参りのために、相模の伊勢原に帰郷した。スケッチしようと、屋敷内を探したが、なかなか手頃なものが見つからなかった。染井吉野が咲き遅れていたためである。あれこれ迷って、裏の垣根のヒサカキの一枝を採った。そして、春炬燵で描いた。

　ヒサカキの花は、早春に咲き、直径が五ミリほどであり、葉腋《ようえき》に一～三個がつく。雌花は雌株に、雄花は雄株につく。絵は、雄株から採った花枝である。葉は、長楕円形ないし倒披針形をし、厚く、長さが五センチくらいであり、縁に細かい鋸歯《きょし》があって、二列に互生する。茶の仲間なので、木の葉には艶があり（照葉）、冬にも落ちない。絵の左が葉表（上面）で、右が葉裏（下面）である。

　ヒサカキは、ツバキ科の常緑性小高木であり、本州から南の照葉樹林にふつうに生育し、庭木、生垣として、しばしば植栽されている。サカキ（榊）の代用として、玉串に用いられるので、森林植物学を勉強するまで、私はこれをサカキと思っていた。中国では、野茶と書き、わが国では実栄樹と書くらしい。ヒサカキの名前は、サカキより小型なので、姫榊の意味であるらしい。

　本家のサカキ（栄樹）も、ツバキ科であり、神事に用いられるので、榊という国字が使われる。こちらは高木であり、暖地に生育し、花の直径が一・五センチもあって、しかも、夏に咲き、葉も大きく、長さが七～一〇センチであり、鋸歯がない。

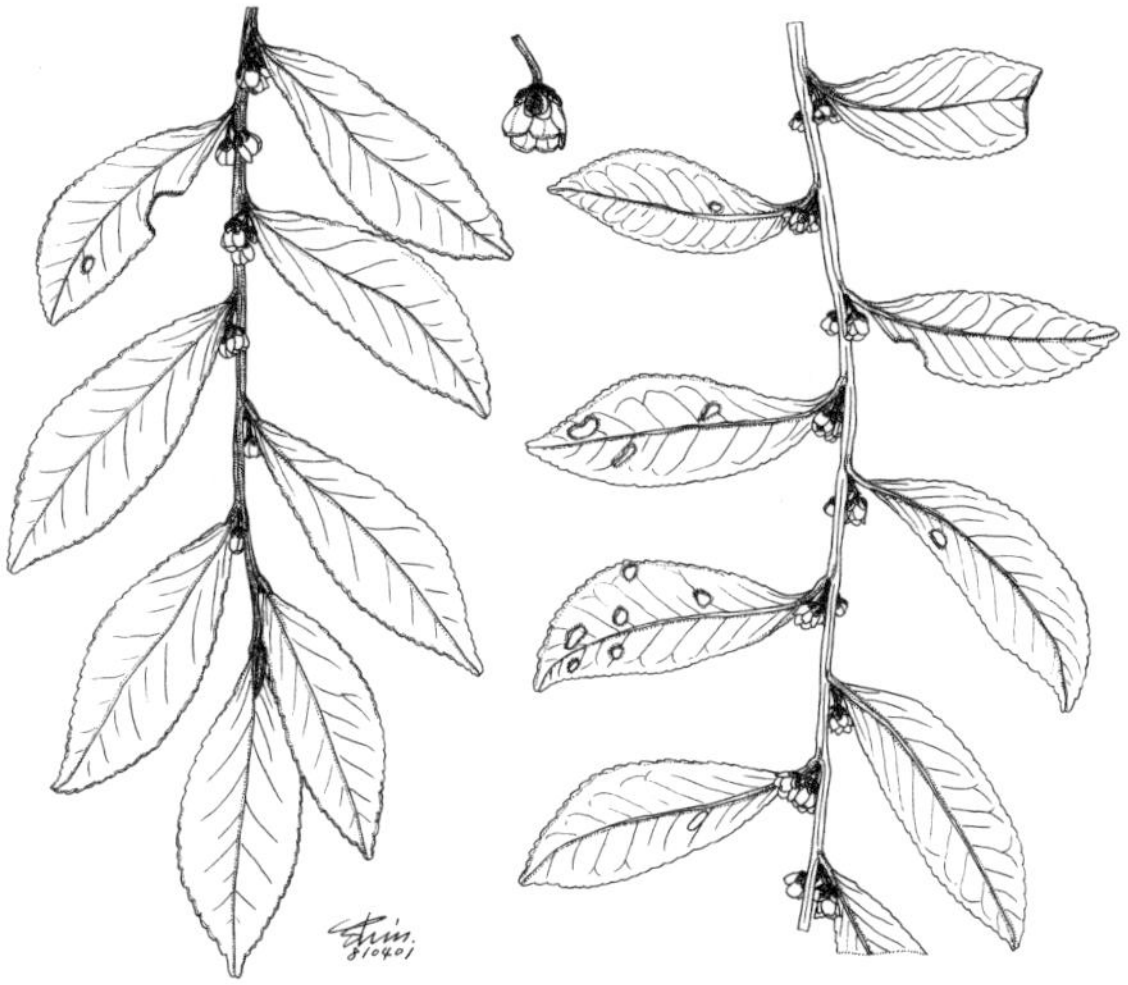

真榊の花の匂ひに居る乞食　　亀井　鳴瀬

手向けたる榊の花も蕾ぞや　　三条　一女

◈学名　*Eurya japonica*

◈科属　ツバキ科ヒサカキ属

◈季語　晩春；柃《ひさかき》の花、野茶《のちゃ》

もうそうちく　孟宗竹

筍（孟宗竹）が、店頭に並ぶようになった。もう、サクラの便りが届いているのであるから、わが生家の竹林でも、マダケ（真竹）の筍がでているかもしれない。夜勤の妻を送った後で、スーパー店に立ち寄り、大きめの筍を買った。竹の皮（葉鞘《ようしょう》、あるいは芽鱗《がりん》）には、密毛が生え、泥土が点在していた。ビニール袋詰めのため、傷みやすいから、早く描いてしまいなさい、といわれて、休日の昼食前から、ペンをとった。テレビ、一杯、夕食などの中断があって、夜半近くにペンを置いた。食卓の上には、娘がすでに料理の本など広げて、まだか、まだか？　と催促していたのであった。どうやら、明日の晩酌には、これの煮付けがでるらしい。

モウソウチクは、イネ科、タケ亜科、マダケ属に属する、大型で、稈《かん》（茎）が太いタケである。中国の原産であり、一七三六年に、琉球を経て鹿児島へ入った、といわれる。筍以外には、花器、床柱、ほかに利用される。けれども、材質が劣るので、竹細工には、おもにマダケが使われている。

英文の『中国の竹林業』を読むと、中国では、木材は輸入国であるけれども、タケ林業は盛んであって、竹藪が増大し、タケ製品（パルプ、紙、合板、フローリング、ほか）および筍の輸出が年々増大している。モウソウチク林だけで、二八〇万ヘクタール以上に達している。竹は軽くて、伐り倒しも、運搬も、人力で十分であることが、よけいに竹林業を盛んにしているらしい。

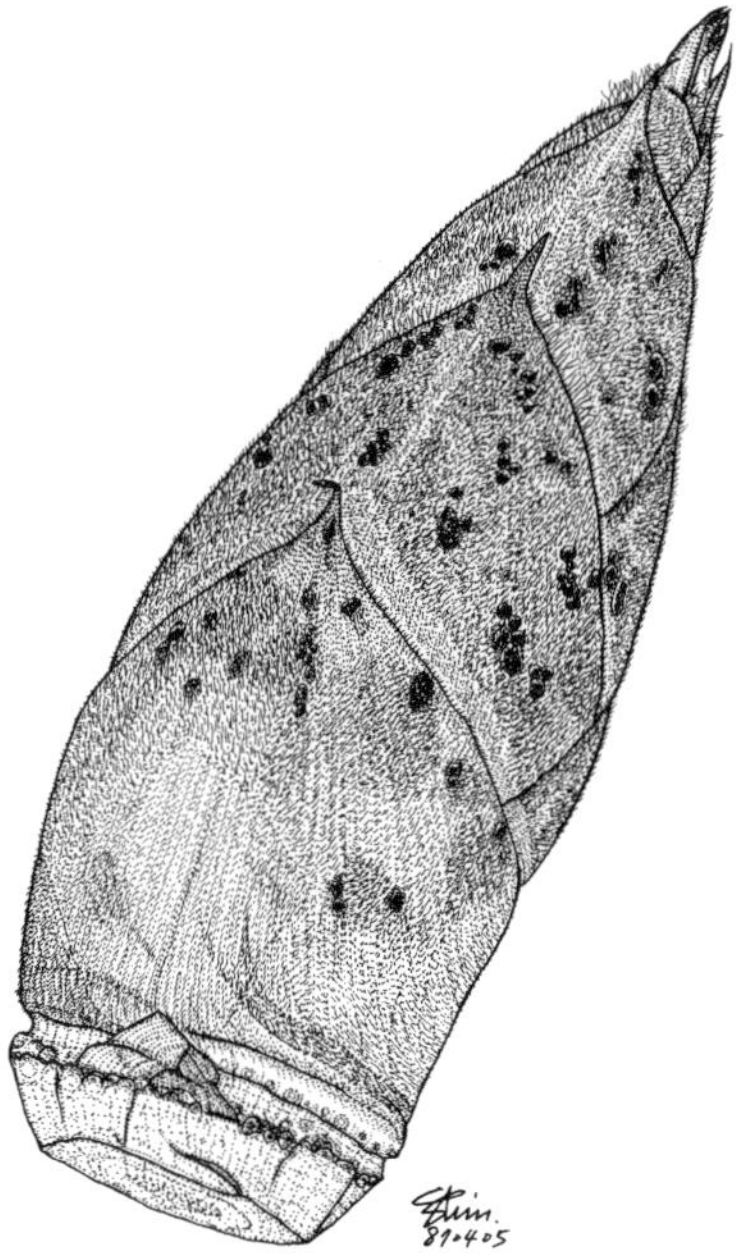

竹の子や稚き時の絵のすさび　松尾　芭蕉
竹の子や稚児の歯ぐきのうつくしき　服部　嵐雪

◆**学名**　*Phyllostachys heterocycla*
◆**科属**　イネ科マダケ属
◆**季語**　**晩春**；春《はる》の筍《たけのこ》、春筍《はるたけのこ》、春筍《しゅんじゅん》。**初夏**；孟《もう》宗竹《そうちく》の子《こ》、筍《たけのこ》、筍飯《たけのこめし》、のこめし、たこうな、たかんな

もくれん　木蓮

　暖冬のまま、春になり、春の花ばなが例年より、かなり早く咲いた。お花見も、終わりかけていた。そして、早くも、ツツジ類が咲きはじめた。この早々の季節の後遺症が心配された。

　林学会にて上京した。伊勢原の生家に一泊し、父母の墓参りをした。墓前にて、「手向け」の曲を奏していたら、住職がやってきて、しばらくぶりだねえ、いつ帰ったのよ、と声をかけてきた。故郷は、微地形も、人々の暮らしも、どんどん変貌していた。宅地化が進み、水田が梨園に変わって、ナシの花が咲きそうになっていた。早くも、消毒がはじまっていた。

　生家の庭に、モクレンが咲くと、少年には、紫色の小鳥が、たくさん集まったように見えた。今、一枝を採り、小学生の甥といっしょに、スケッチした。ペン画と色鉛筆画と、二枚描いた。もっと開いた花を描いたら、といいながら、弟が、もう一枝を採ってきた。それも、ペン画にして、描きつつ、弟と話した。やがて、酒がでて、陰影や濃淡が不十分なままに、ペンをグラスにもちかえた。想えば、一昨年の五月中旬には、左足の半月板の損傷で、札幌の病院の窓から、ハクモクレンを見ていたのであった。

　モクレンは、モクレン科、モクレン属の一種であり、中国原産であって、わが国にも広く植栽されている。花が紫色なので、ハクモクレン（白木蓮）に対して、シモクレン（紫木蓮）とも呼ばれる。これは、高さが五メートルくらいの小高木である。なお、木蓮は、わが国での国字であるらしい。中国では、木蓮は別の種を指していて、本場のモクレンの漢字は、木蘭、玉蘭なのである。

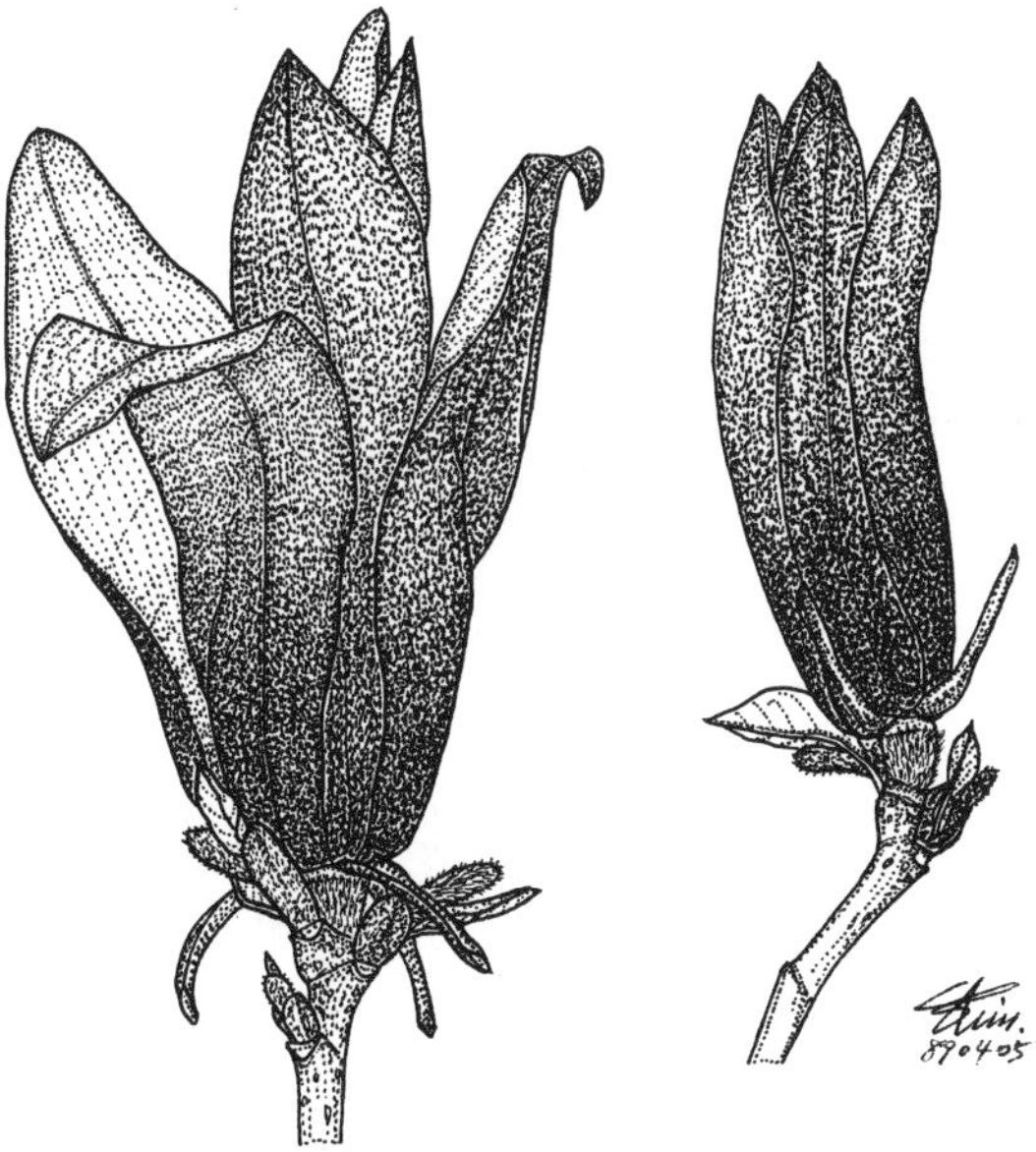

木蓮や虚空へのぼる寺の鐘　岡澤　康司

今年また木蓮と逢ふ旅日記　佐藤　冬彦

◆学名　*Magnolia quinquepeta*
◆科属　モクレン科モクレン属
◆季語　仲春；木蓮《もくれん》、木蘭《もくれん》、紫木蓮《しもくれん》、烏木蓮《からすもくれん》

レモン　檸檬

日米農産物交渉は、わが国のウンシュウミカン生産者たちには、頭が痛い。グレープフルーツ、レモン、オレンジ濃縮ジュースの輸入問題があるからである。世界の柑橘類のなかで、レモンの生産量はきわめて多い。おもな生産国は、アメリカ（カリフォルニア州）およびイタリアである。

レモンの果実は、楕円形から卵形をし、先端に特徴ある突起（乳頭）がある。緑色のうちに採り、熟すとレモン色になる。横切りすると、室（袋）は八～一二に分かれている。果汁は、酸味（クエン酸）が強く、ヴィタミンCに富み、香気も強い。果皮は、砂糖漬けになる。

レモンは、わが国では、新顔の柑橘類であるが、アメリカから大量に輸入され、今日の食卓に欠かせなくなっている。生食、ポン酢のほか、レモン水、レモネード、ラムネ、レモンスカッシュ、などに用いられる。ただし、果皮に塗られた防腐剤は、体によくないようである。

檸檬の漢字は、たいへんむずかしく、果物のイメージから遠い、と思われるが、いかがであろうか。

ミカン科、ミカン属のレモン類には、シトロンもある。これは、ヨーロッパで、紀元前から栽培されていた。その果実は、レモンより大きく、果汁が少なくて、酸味や苦味が強いので、生食されない。果皮の砂糖漬けは、香気が強く、珍重される。レモンは、シトロンの園芸品種である、ともいわれる。ブッシュカン（仏手柑）は、果実の先がいくつかに分かれた、変な形であるが、シトロンの一変種である。

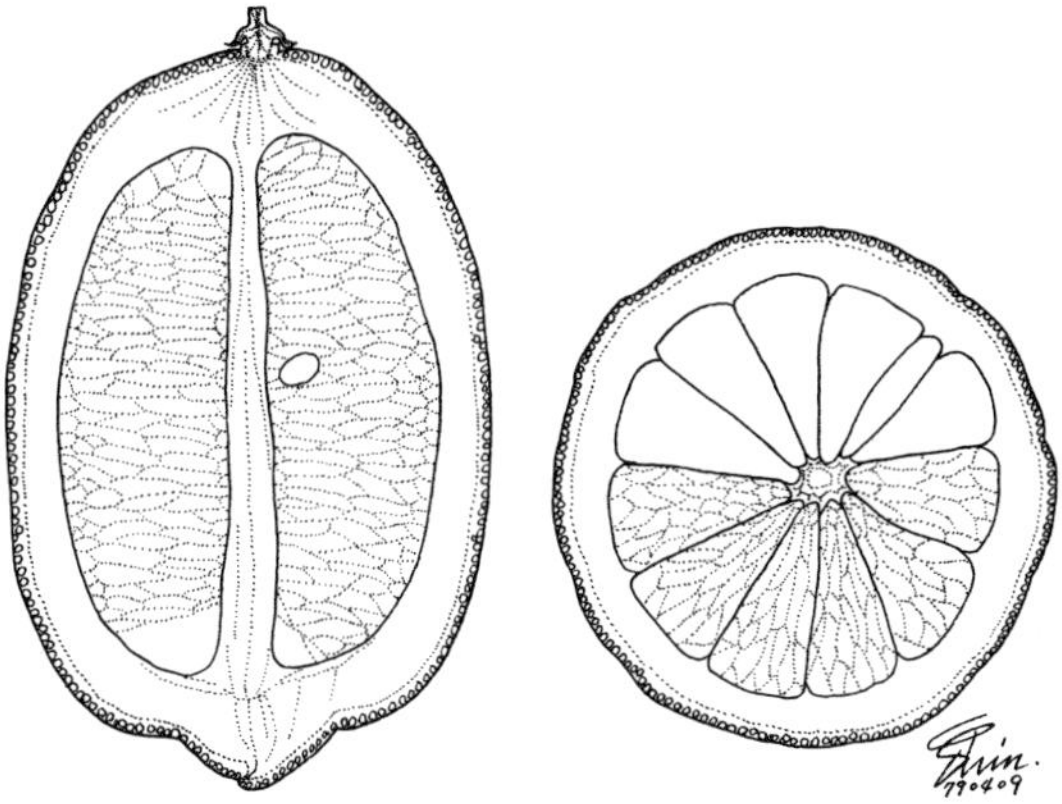

気まぐれに買ひし檸檬を懐中す　伊丹三樹彦

指触れしレモンや風をつのらする　野沢　節子

◆学名　*Citrus limon*
◆科属　ミカン科ミカン属
◆季語　晩秋；檸檬《れもん》、レモン

ぶな　山毛欅

昨年の初冬に、倶知安の「百年の森」で、雪害防止のための裾枝打ちの講習会が催され、講師として出席した。豪雪地の平坦地に植えられた苗木は、積雪の沈降圧によって、幹曲がり、幹折れ、幹裂け、枝抜けが生じやすい。枝がなければ、成長できないが、枝があれば雪害に遭う、という矛盾を解決するには、成長量をいくらか犠牲にしても、枝を早めに、強度に剪定《せんてい》しなければならない。これが、裾枝打ちである。

昼食時に、冷えた体を温め、いろいろな話題や質問に答えた。その折り、この秋は、ブナが豊作で、黒松内に行って、ブナのタネをたくさん拾った、という話題がでた。そこで、そのタネを是非分けて欲しい、と頼んだ。数日後、タネが送られてきたので、古い靴下に入れ、雪の溜まる軒下に置いた。

春になって、軒の雪を片づけていて、ブナを埋めたことに気づいた。そして、掘り出したら、タネ（堅果《けんか》、ブナ果）の多くが発芽していた。半木陰の場所に、案内棒で小穴を開け、根を傷つけないように、ホシガラスに倣って、苗木の束生を期して、三〜四粒ずつ穴に埋めた。うまくできて、よい苗木ができたら、キャンパスにも、わが山林にも植え込んでゆきたい。

ブナは、ブナ科ブナ属の高木で、ふつう、北日本の多雪地帯に生育するが、北海道では黒松内までしか天然分布しない。ただし、植えれば、留萌でも、美唄でも、よく育つ。おそらく、北海道のどこでも、生育できよう。それゆえ、天然分布より、植栽分布のほうが、耐寒性を検証できる。

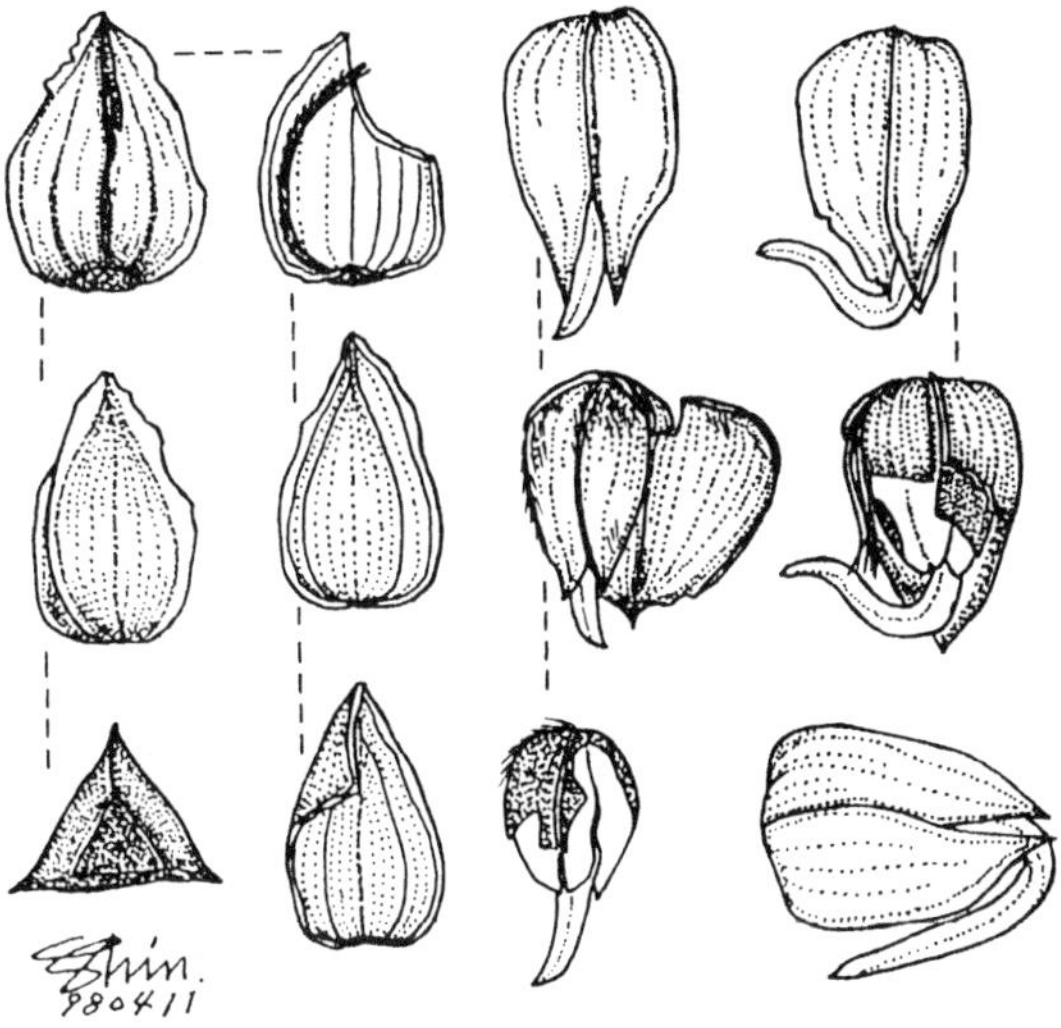

鶸たたせ冬枯れ己れ確かむる　福岡　耕郎（鶸＝ひわ）
出来秋や羆の糞も木の実なる　紺屋　晋（羆＝ひぐま）

◆学名　*Fagus crenata*
◆科属　ブナ科ブナ属
◆季語　仲春；山毛欅《ぶな》の芽《め》、初夏；山毛欅《ぶな》の花《はな》

なにわず

積雪が消えた雑木林の林床に、緑の葉群をおこし、黄色の花を咲かせた、小低木が見られた。ナニワズである。北国の早春に、まず咲く花のひとつである。花は、枝先につき、数個が束状になって、萼筒《がくとう》が長く、その先が花冠状に四裂して、花びらがない。果実は、夏に、赤熟する。葉は、長倒卵形であり、先端が鈍形から円形をし、長さが四〜八センチあって、枝先に数枚が集まる。色の乏しい早春の林床に、緑色と黄色は、たいへん目立つ。これは、虫を呼ぶためである。雌株と雄株が別々なので、虫媒花でもあり、花粉を運ぶ昆虫たちに、立ち寄って欲しいのである。

ところで、このナニワズは、なかなか変わった植物である。なにしろ、初秋から冬、初夏にかけては、葉をつけ（冬緑性）、夏に落葉するのであるから、ふつうの落葉樹とはまったく逆の着葉性なのである。この二年生草のような生活ぶりは、どうやら、上木の落葉樹の夏緑性と関係するらしい。つまり、上木が裸の早春から春と、秋から晩秋との、年二回の、林床まで届く光を利用して、光合成をし、林床が暗い期間に裸ですごす、ということである。雑木林が減って、これも減った。

ナニワズは、ジンチョウゲ科、ジンチョウゲ属の小低木であり、本州（中部以北）、北海道、千島、サハリン、カムチャツカに分布し、高さが五〇センチくらいになる。ジンチョウゲと同じ仲間なので、花に芳香がある。色だけでなく、芳香によっても、花粉媒介昆虫を呼び寄せるのである。これは、ジンチョウゲの代用として、寒冷地の庭木（グランドカバー）として、用いられることがある。

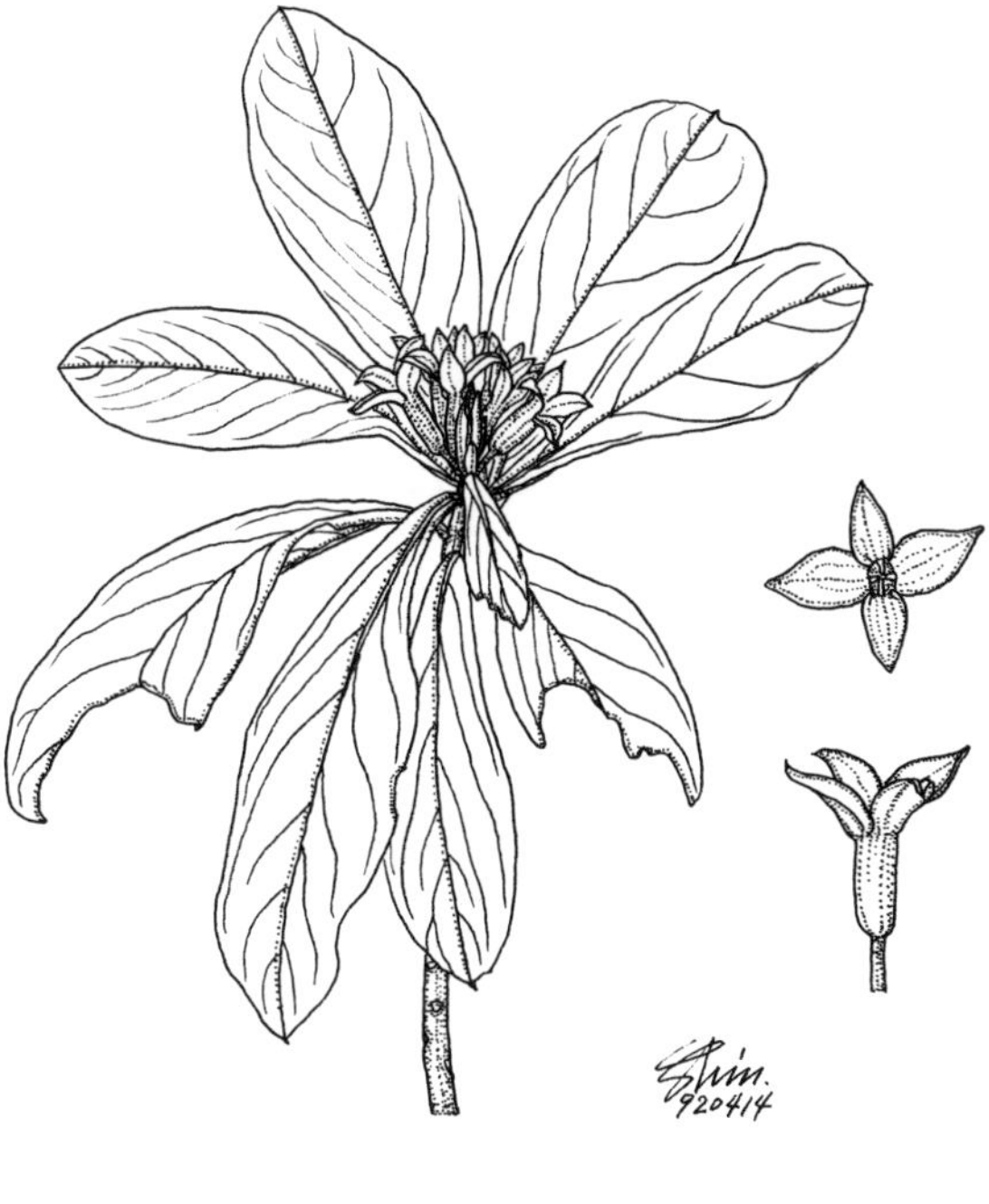

割烹の名も替りをり沈丁花　阪本四季夫

沈丁の香のたかぶりにルージュひく　熊崎かず子

◆学名　*Daphne pseudo-mezereum* ssp. *jezoensis*
◆科属　ジンチョウゲ科ジンチョウゲ属

ねこやなぎ　猫柳

春山スキーで、南向き斜面を滑ってきたら、裸木に花が咲いていた。同行のK君が、枝を折り採り、曲垣平九郎よろしく、襟に挿して下った。こんなに早く開花して、果実を実らせることができるのであろうか？

ふつう、ネコヤナギ（猫柳）と通称で呼ばれているヤナギの種名は、札幌以南ではバッコヤナギ（ヤマネコヤナギ）であり、それ以北ではエゾノバッコヤナギであることが多い。バッコヤナギ類は、ヤナギ類では異質な、広い葉であって、挿し木（枝挿し）が効かず、英名でもサロー（広葉ヤナギ類）と呼ばれる。これらは、枝が太く、無毛で、花芽が大きく、花穂も大きい。雄花穂は黄色で美しく、雌花穂は緑色を帯びる。

これに対して、和名で正しくネコヤナギというヤナギがある。こちらは、低木で、高さが三メートルくらいにしかならず、やや細葉であって、枝挿しが効き、英名をウィロー（細葉ヤナギ類）と呼ばれるグループの一種である。これは、枝がやや細く、絹毛が生える。花芽は、細長く、毛が生え、しかも葉柄が肥大して、芽鱗とともに、花芽を二重に保護する。雄花穂は、黒みがかっていて、お花の材料にはなりにくい。

なお、ネコヤナギの猫は花穂――花序軸にたくさんの花が密生したもの、尾状花序《びじょうかじょ》――を指し、綿毛、絹毛が猫を連想させるからであろう。英語でも花穂をキャトキンというが、この場合には、シラカンバ、ハンノキ、オニグルミほかの花穂（雄花穂）も含まれるらしい。こうした花穂をもつ樹木は、離弁花類のなかでも、尾状花序類に含まれる。

捨てやらで柳さしけり雨のひま　与謝　蕪村

猫柳ジョガー手をあげすれ違ふ　紺屋　晋

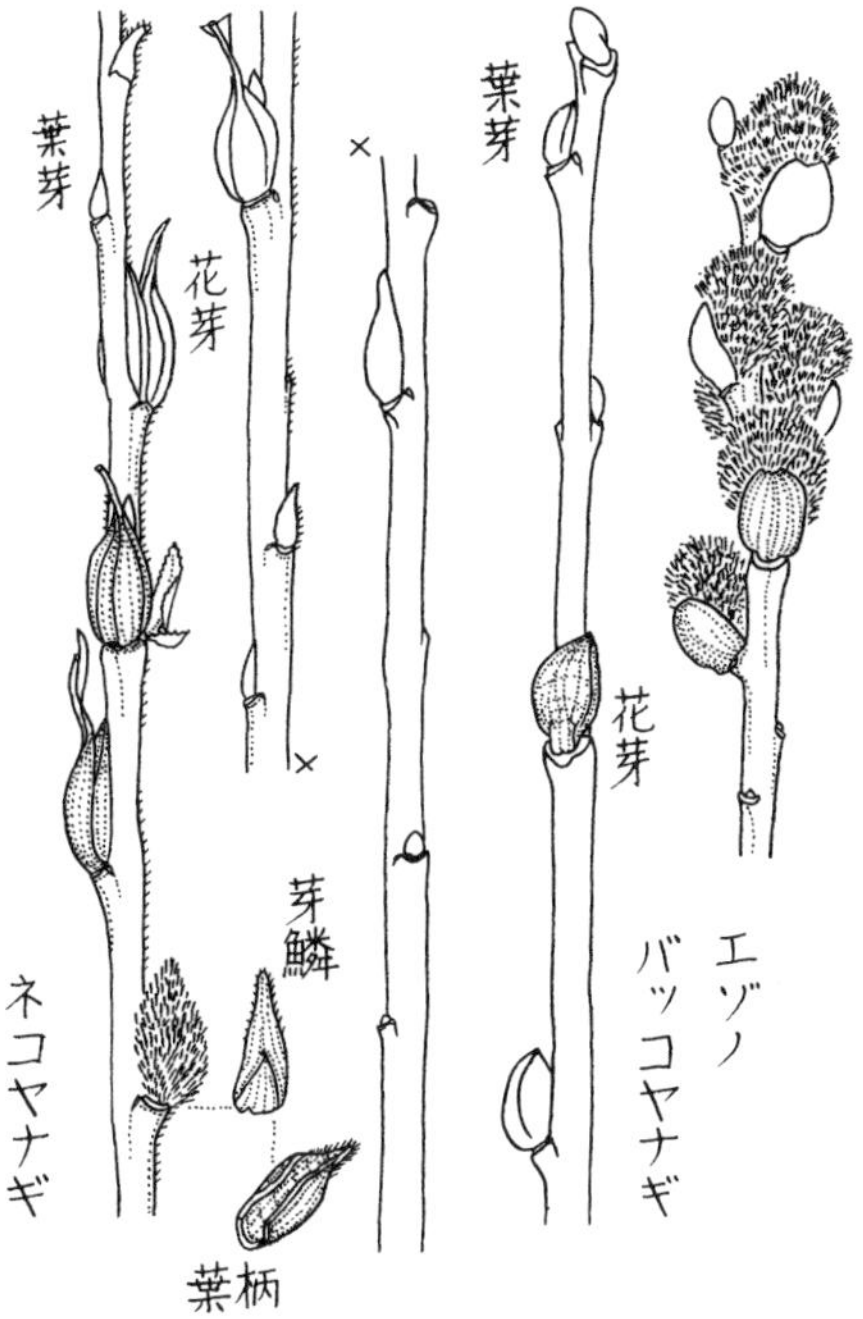

◆学名　*Salix gracilistyla*

◆科属　ヤナギ科ヤナギ属

◆季語　**初春**；猫柳、えのころやなぎ。**仲春**；柳《やなぎ》の芽《め》、芽柳《めやなぎ》、芽《め》ばり柳《やなぎ》、柳絮《りゅうじょ》。**初夏**；葉柳《はやなぎ》、夏《なつ》柳《やなぎ》、柳茂《やなぎしげ》る。**仲秋**；柳散《やなぎち》る。**三冬**；枯柳《かれやなぎ》

れんぎょう　連翹・・・・・・・・・・・・・・・・・・

道立林試の樹木園では、最初に、赤紫色のエゾムラサキツツジが咲いた。続いて、黄色のレンギョウ、チョウセンレンギョウであった。

レンギョウの花は、美しい鮮黄色である。一年生枝（前年枝）に対生についた花芽から、それぞれ、ただ一花が咲く。そして、花芽は、ひとつの葉痕《ようこん》の直上に、一～二個つくから、一カ所に二～四花が垂れて、束状に咲き、たいへんにぎやかである。この様子から、連翹と書かれるのであろうか？　花の構成は、萼片《がくへん》が四枚、花弁（下部は萼筒《がくとう》）が四枚、雄しべが二本、雌しべが一本である。

これは、モクセイ科、レンギョウ属の低木であり、高さが二～三メートルになって、落葉性である。主幹があまり明らかに発達しないで、地際から多数の萌芽幹《ほうがかん》をだして、多幹株（叢生株）をつくる。枝は、長く伸び、枝垂れる。枝垂れて、接地すると、そこから不定根をだして、新しい株をつくってゆく。一種の伏条繁殖《ふくじょう》である。この根がでやすい性質を利用して、苗木づくりでは、挿し木増殖（枝挿し）が、ときには、取り木増殖（伏条取り木）がなされる。

レンギョウは、中国原産の花木であり、わが国へは、一七世紀後半に入ったらしく、庭木として、各地に植栽されている。

なお、類似種のチョウセンレンギョウは、一年生枝が灰褐色で、髄が薄板で小室に区切られている。それに対して、レンギョウは、一年生枝が黄褐色で、髄が中空である。

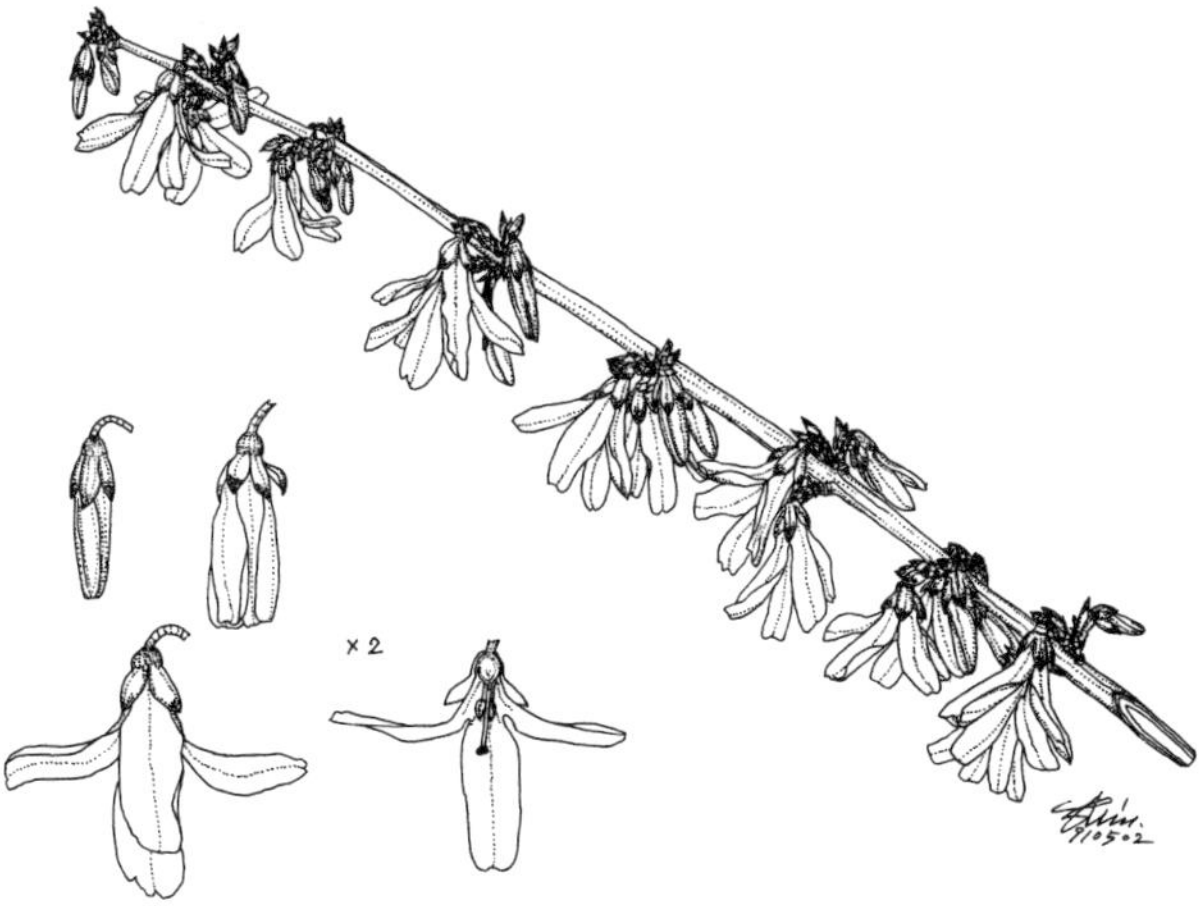

連翹を降りつつむ雨娘の忌来る　土岐錬太郎

ほどほどの家運連翹こぞり咲く　坂口　波路

◆学名　*Forsythia suspensa*

◆科属　モクセイ科レンギョウ属

◆季語　仲春；連翹《れんぎょう》、れんぎょう、いたちぐさ、いたちはぜ

しでこぶし　幣辛夷 ・・・・・・・・・・・・・・・

連休の後半に、よい天気が続き、エゾヤマザクラが満開になった。キタコブシも咲いて、シラカンバ、ケヤマハンノキ、シダレヤナギなどが芽吹いた。カラマツが、早くも新緑の様相を呈している。昼休みに、職場の近くをジョギングして、すばらしい自然の、北国に住む幸せを感じた。ほんとうに、よい季節である。

パソコンに疲れて、窓外に目をやると、樹木園には、赤紫の花、黄の花、白い花が点在している。剪定《せんてい》ばさみをもって、外にでた。花の一枝を採ろうとしたら、なんと、わが樹木園には、ハクモクレン、モクレン、シデコブシがあっても、自生のキタコブシがない！

それで、シデコブシの一枝を剪った。この花は、花弁と萼片《がくへん》の見分けがなくて、一二枚の、薄紅色の花被片《かひへん》があった。これらが、車輪のようについて、九〜一八枚もあるので、キタコブシ、モクレンより、ずっと数多い。その分、幅が狭く、倒披針形をし、長さが四センチくらいである（と記載されている）。けれども、この花のものは、七〜八センチもあった。野生のものでなくて、園芸品種なのかもしれない。

シデコブシは、漢字では、幣辛夷と書かれる。白く、淡い花被片が、神前に供される、玉串や注連縄などに下げる、紙垂に似て見えるからである。これは、モクレン科、モクレン属の低木であり、高さが三メートルあまりになる。本州（中部地方、岐阜・愛知・長野）に天然分布している。小型なので、別名が、ヒメコブシ（姫辛夷）である。

二皮をぬぎて机の辛夷咲き　　石川　路石

耕了へし一族の夕花こぶし　　八木沢不凍

◆学名　*Magnolia tomentosa*
◆科属　モクレン科モクレン属
◆季語　仲春；幣辛夷《しでこぶし》、姫辛夷《ひめこぶし》

きたこぶし

北辛夷

寒い寒いゴールデンウイークであった。毎日の観察にもかかわらず、チシマザクラが開花しなかった。一足早く咲きだしたキタコブシは、半開きの状態が続いた。美唄周辺の山野では、多くの樹種が不なり年であるのに、キタコブシの花ばなが多い。これだけが例外なのであろうか?

実験林から、二枝を採り、スケッチした。芳香があって、上品な花である。毛皮のコートを脱いで、白いドレスを展開すると、裾には紅紫色が美しい。萼片《がくへん》が小さく、花弁が大きい。花弁は、六枚がふつうであるけれども、スケッチしたものは七枚あった。小さい葉が、一枚付き添っていた。

辛夷は、漢方薬では、辛夷《しんい》であり、蕾を干して、煎じて、頭痛や鼻炎に用いる。花弁をアルコール漬けして、辛夷酒もつくられる。同僚のYさんに勧められたけれども、以前にも、K氏から小瓶にもらったけれども、私は、薬嫌いで、混じりけのないアルコールが好きであり、晩酌には、純米酒か純麦酒を呑むことにしている。花は、眺めるだけにしておきたい。

これは、モクレン科、モクレン属、ハクモクレン亜属、コブシ節の、コブシの北方変種であり、高さが一五メートル以上にも、直径が三〇センチ以上にもなる。この変種は、本州方面に生育する母種に比較して、樹高が大きく、葉も花も、より大型である。耐寒性に富むので、北方の庭木、公園樹として、貴重な存在であり、耐寒性の劣るモクレン(シモクレン)、ハクモクレンなどよりも、もっと多く植栽されてもよかろう。

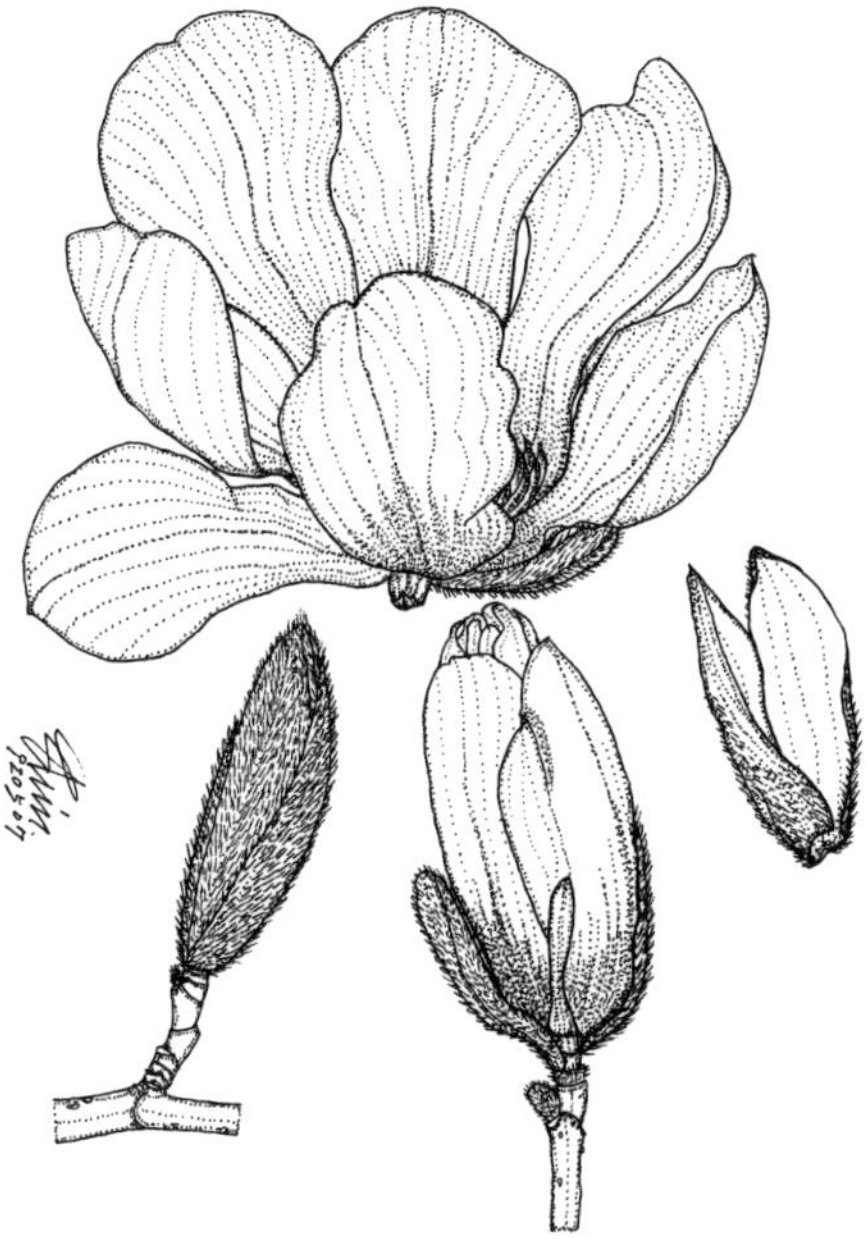

蕾みな天にならびて大辛夷　目黒　紫風

さきがけて山気染めゆく花辛夷　熊崎かず子

◆学名　*Magnolia praecocissima* var. *borealis*
◆科属　モクレン科モクレン属
◆季語　（こぶし）仲春；辛夷《こぶし》、木筆《こぶし》、山木蘭《やまもくれん》、こぶしはじかみ、やまあららぎ、田打桜《たうちざくら》

えぞやまざくら　蝦夷山桜

いつもの年よりも雪解けが遅れ、おまけに、五月五日になって雪が降った。こどもの日の雪降りは、娘が生まれた一六年前にもあったけれども。そのため、畑土の乾きが遅れ、この二日間の暖気によって、仮植の苗木が芽吹きはじめ、苗畑作業の遅れは、猫の手を借りても、取り戻せそうにない。

桜前線は、あまり遅れずに、石狩平野までやってきた。美唄では、明後日の日曜日に、花見ができそうである。もっとも、桜前線のサクラは、青森までは、栽培種のソメイヨシノ（染井吉野）である。けれども、北海道では、ソメイヨシノが寒さに弱いので、野生種のエゾヤマザクラ（蝦夷山桜）がふつうである。ソメイヨシノは、葉前開花《ようぜんかいか》といって、まず花が咲き、その後から葉が開いて、葉桜の候となる。けれども、エゾヤマザクラは、開花と開葉がほぼ同時なので、大型で淡紅色の花にもかかわらず、桜花の華やかさ、散り際の潔さが、いまひとつものたりない、といわれる。開葉時の葉の色が、帯紫褐色であって、花の色より濃いからかもしれない。本州人が見れば、そうかもしれないけれども、道産子は、この美しい花を楽しんでよいし、改良して、葉前開花タイプにしてもよい、と思われる。

これは、バラ科、サクラ属、ヤマザクラ節に属し、本州の中部・北部から北海道に自生する。そして、関東から西日本のヤマザクラよりも、花が大きく、色が濃い。

うかれける人や初瀬の山桜　松尾　芭蕉
うらやましうき世の北の山桜　同

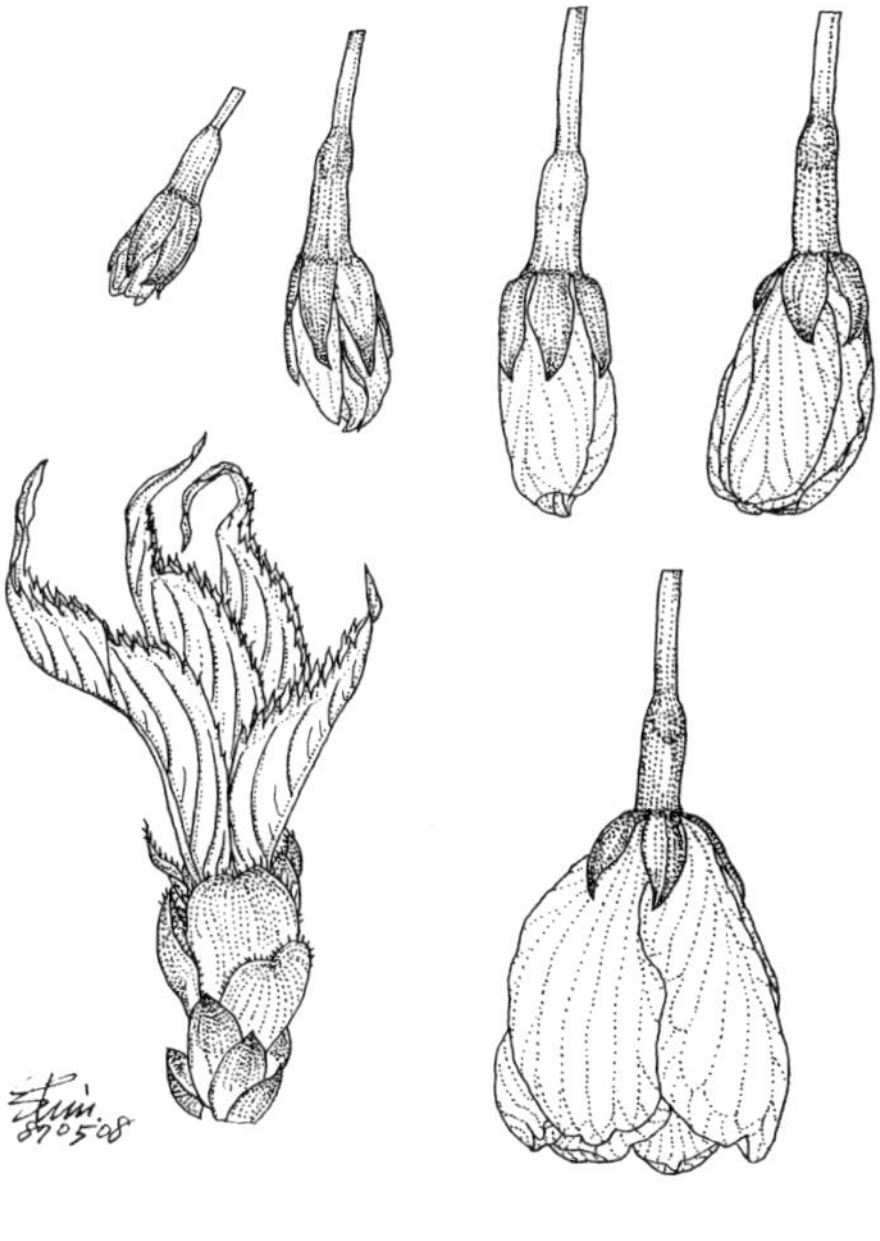

◆学名　*Prunus sargentii*
◆科属　バラ科サクラ属
◆季語　（やまざくら）晩春；山桜《やまざくら》。初夏；葉桜《はざくら》。仲夏；桜《さくら》の実《み》、実桜《みざくら》、桜実《さくらみ》となる。仲秋；桜紅葉《さくらもみじ》

くろまつ　黒松 ・・・・・・・・・・・・・・・

北海道の西南部の海岸砂地には、本州産のクロマツが、天然分布の北限を超えて、植栽されてきた。そして、関係者の努力の甲斐あって、それなりの海岸林をつくっている。けれども、寒さが制限因子であり、密植され、保育手入れが十分でないために、未成林のままで枯れてゆくケースもある。本州（東北地方）の造成技術をベースにしつつも、明らかに限界がある。やはり、北海道方式の海岸造成林技術を工夫し、それを確立すべき時期にきている、という現状である。

その地方の林業・治山技術者の、テキスト用に、『マツ属種の見分け方』なる小冊子を、画とワープロで作成してみた。これまでに描きためておいた、球果《きゅうか》、種子、葉などのペン画を取り揃えてみたら、外国産のマツ類が描いてあるのに、肝心のクロマツがなかった。

マツ属種は、トドモミ（トドマツ、モミ属）、エゾトウヒ（エゾマツ、トウヒ属）、カラマツ（カラマツ属）などと異なり、英語でいうパインである。このグループは、花が咲いて、種子を散布するまでに、二年かかる。それで、枝には、一年目の小球果と二年目の成熟球果とがついている。かつて、地球の歴史（地史）上、乾燥気候に適応（小進化）してきたからであるらしい。

クロマツは、マツ科、マツ亜科、マツ属、ニヨウマツ亜属、アカマツ節の、常緑、針葉、高木であり、高さが三〇メートル、直径が九〇センチになる。クロマツ（黒松）は本州、四国、九州、朝鮮南部の沿岸地方に分布する。やせ地に耐え（茸と共生）、潮風に耐え（表面積の小さい松葉）、飛砂の衝撃に耐える（厚い樹皮）ので、わが国の海岸砂防林（飛砂防止林）のエース樹種である。

冬ごもる黒松の秀を剪り揃へ　福岡耕郎

草の戸に名刺を貼りて松の花　富安風生

◆**学名**　*Pinus thunbergii*

◆**科属**　マツ科マツ属

◆**季語**　**晩春**；松《まつ》の花《はな》、十返《とがえ》りの花《はな》、松《まつ》の花粉《かふん》、松《まつ》の芯《しん》、若松《わかまつ》、松《まつ》の緑《みどり》。**晩秋**；色変《いろか》えぬ松《まつ》。**晩秋**；新松子《しんちぢり》、青松傘《あおまつかさ》、青松毬《あおまつかさ》、松《まつ》ぼくり、松《まつ》ふぐり

芽吹き

雪が消えた。早春の草花が咲きはじめた。蕾を求めて、虫が飛来した。フクジュソウの花を妻に見せたら、虫だらけで、逃げだされてしまった。スイセンが、蕾を葉のあいだから抜きだしはじめた。荒起こししておいた畑に、早くも雑草が葉を展開してきた。見上げれば、雑木林も、カラマツ林も、冬芽がふくらんで（芽ぐみ）、枝先が明るくなってきた。あと一〇日もすれば、芽吹きのはじまる樹種がでてくるであろう。そうなると、半年のんきに暮らしてきた山官業も、急に忙しく出歩くことになる。外業の準備をしつつ、植物季節の変化を、できるだけ、ペンで描いておきたい。

名木や美林を末長く保護し、次代を養成してゆく試みが、細ぼそながらも、道内の各地で、着実にはじまっている。そのひとつとして、羽幌町では、焼尻島の広葉樹・イチイ林の維持管理に力を入れていて、ここ数年間、私も研究と指導を任されてきた。五月上旬から下旬に、植樹祭があり、島民たちが、自分で育てた（観光土産用の）イチイ苗木をもちよって、植栽している。何事も、地元の人びとがやる気にならなければ、うまくゆかないのであって、私の役割は、助言者としても、もはや大きくない。まことに、結構な段階に進んでいる、といえる。

この年も、植樹祭に参加し、島の人びとに、イチイ林の特徴を語り、苗木植え付けの助言をしてくる予定である。そして、今回もまた、イチイの上木の広葉樹たちの芽吹きを描いてくることにしよう。それらは、ミズナラ、ハリギリ、シナノキ、サワシバ、ヤチダモなどになるだろう。

嬰児すこやかに深沈として芽木の雨　　岡澤　康司

振りあげし古鍬かろし木の芽時　　阪本四季夫

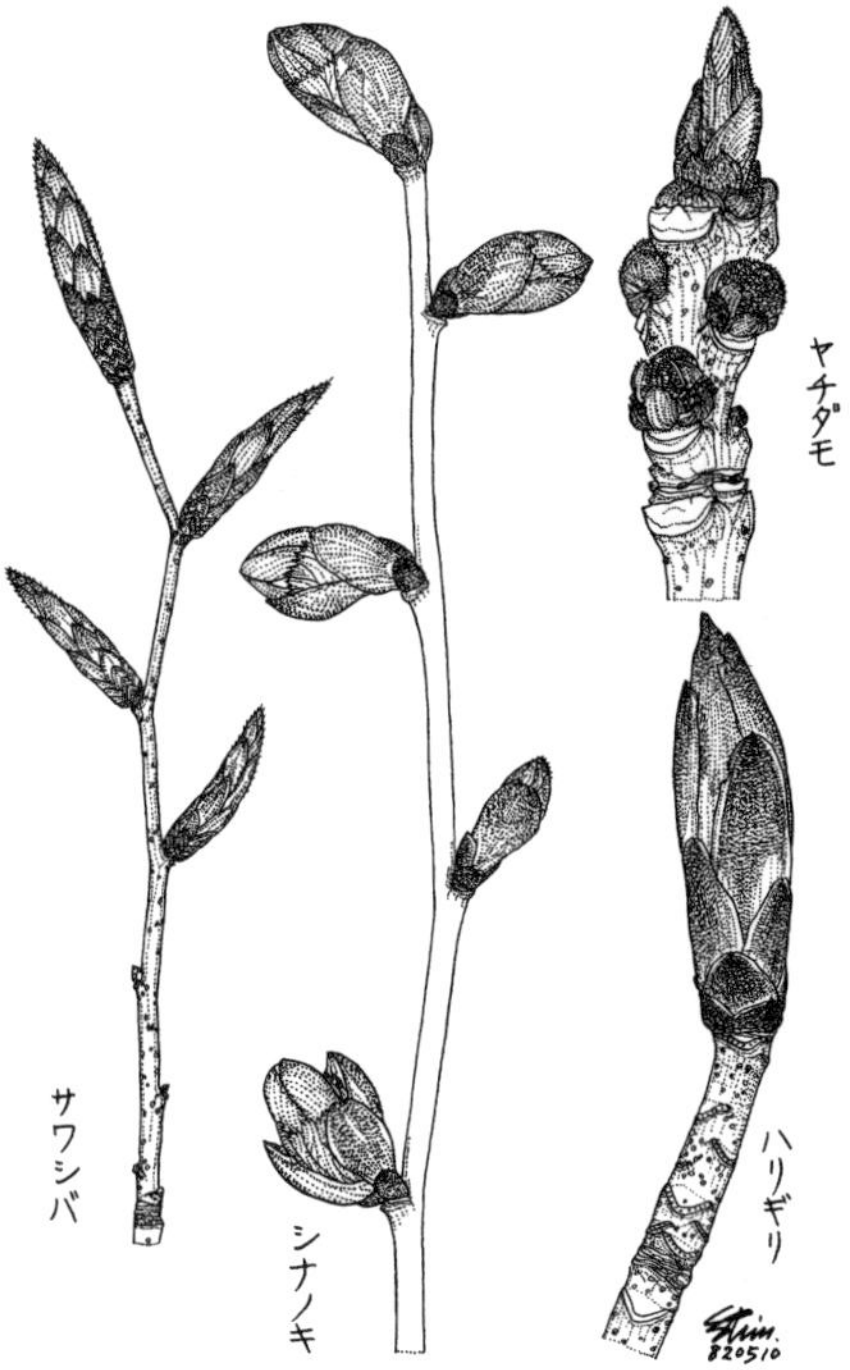

◆季語　三春；芽立《めだち》、芽《め》吹《ぶ》く、芽《め》組《ぐ》む

たらのき　楤のき

樹々の芽吹きの時ぞにぎはふ、と詠まれたように、芽吹きは、まさに、春そのものである。長く厳しかった冬のあいだ、じっと冬芽で耐えてきた樹木たちは、いっせいに緑の衣をつける。落葉樹林が、夏緑林に向かってスタートする。万緑への出発である。

芽吹きとは、鱗片《りんぺん》のなかにあった芽（枝、葉、花）が、外へ伸びだす、吹きだす状態であり、芽立ち、開舒《かいじょ》、芽ほころび、などとも表現される。そして、小さく折り畳まれていた葉が広がってゆく状態が、開葉である。さらに、葉が十分に広がりきる状態が、展葉である。また、新しい枝は、新条《しんじょう》（シュート）と呼ばれる。俳人が用いる「芽木」は、芽吹きから開葉の段階であるらしい。

樹木の芽吹きのうち、もっとも身近な種のひとつに、タラノキがある。これは、山菜としても重要であり、タランボと呼ばれ、芽吹き直後の新条が手折られる。都市周辺の自然公園では、山菜ブーム、自然食ブームのために、タラノキが消滅しそうである。頂芽が欠かれ、二回目の芽吹き（二番子）も欠かれるからである。三番子もでてくるが、樹勢の回復は困難である。

芽だらは、芽吹きの状態をさし、山菜として、摘むタイミングでもある。ただし、メダラは女ダラであり、分類学では、トゲ（刺針）のほとんどないタラノキをいう。なお、「ウドの大木」というが、私には、同属のタラノキの木材が、トゲと脆さから、役立たず、と馬鹿にされたことに由来するような気がする。

たらの花ひろげ曇天つつましく　伊藤　凍魚

楤の芽の摘めばたちまち人臭し　藤田　湘子

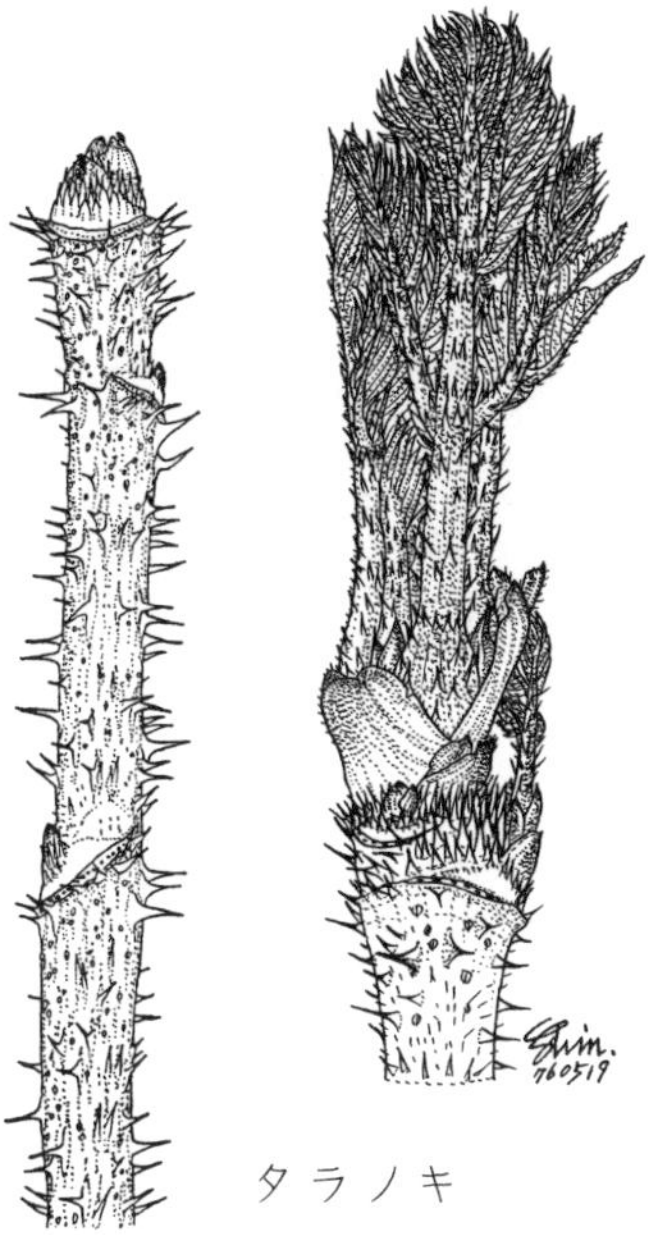

タラノキ

◆**学名**　*Aralia elata*
◆**科属**　ウコギ科タラノキ属
◆**季語**　**仲春**；たらの芽《め》、多羅《たら》の芽《め》、うどめ、うどもどき、たらめ、たら摘《つ》み。**初秋**；楤《たら》の花

ライラック

エゾヤマザクラの花が散ったかと見る間に、早くも、ライラックの花が咲きだした。札幌市街地では、都市気候のために、春の花ばなが、郊外よりも早めである。「花冷え」といえば、サクラの花どきの寒さである。けれども、北国では、季節の遅れから、ライラックの花どきである「リラ冷え」の方が、定着しつつある。私にとっては、漢詩にでてくる「軽寒」が好きであるけれども、これは季語ではなく、季感であると、ある先輩にいわれた。

樹全体が、花いっぱいならわかったのに、咲きはじめの一房ではわからなかったわ、と看護婦さん。これもわからないのでは、お見舞いの花ばなのほとんどを、ただ美しい、きれいだ、と褒めるしかありませんね、と私。退院の直前であったので、満開まで待てなかったけれども、これは、その病院の玄関近くに植栽されていたのであった。そうだ、『ナースのための花の本』を書けば、かなりヒットするかもしれない！　と思った。

ライラックは、英名である。リラは、仏名である。そして、和名が、ムラサキハシドイである。これは、モクセイ科、ハシドイ属に属し、落葉性の低木であり、小アジア、バルカン、クリミヤ地方の原産である。花は、枝先に、円錐状にかたまってつき、筒状であり、先が四裂して、芳香を放つ。名前のように、紫色の花がふつうであるけれども、スケッチのものは、白花の品種である。これは、北海道には、明治の中ごろに、外人宣教師によってもたらされた、といわれる。

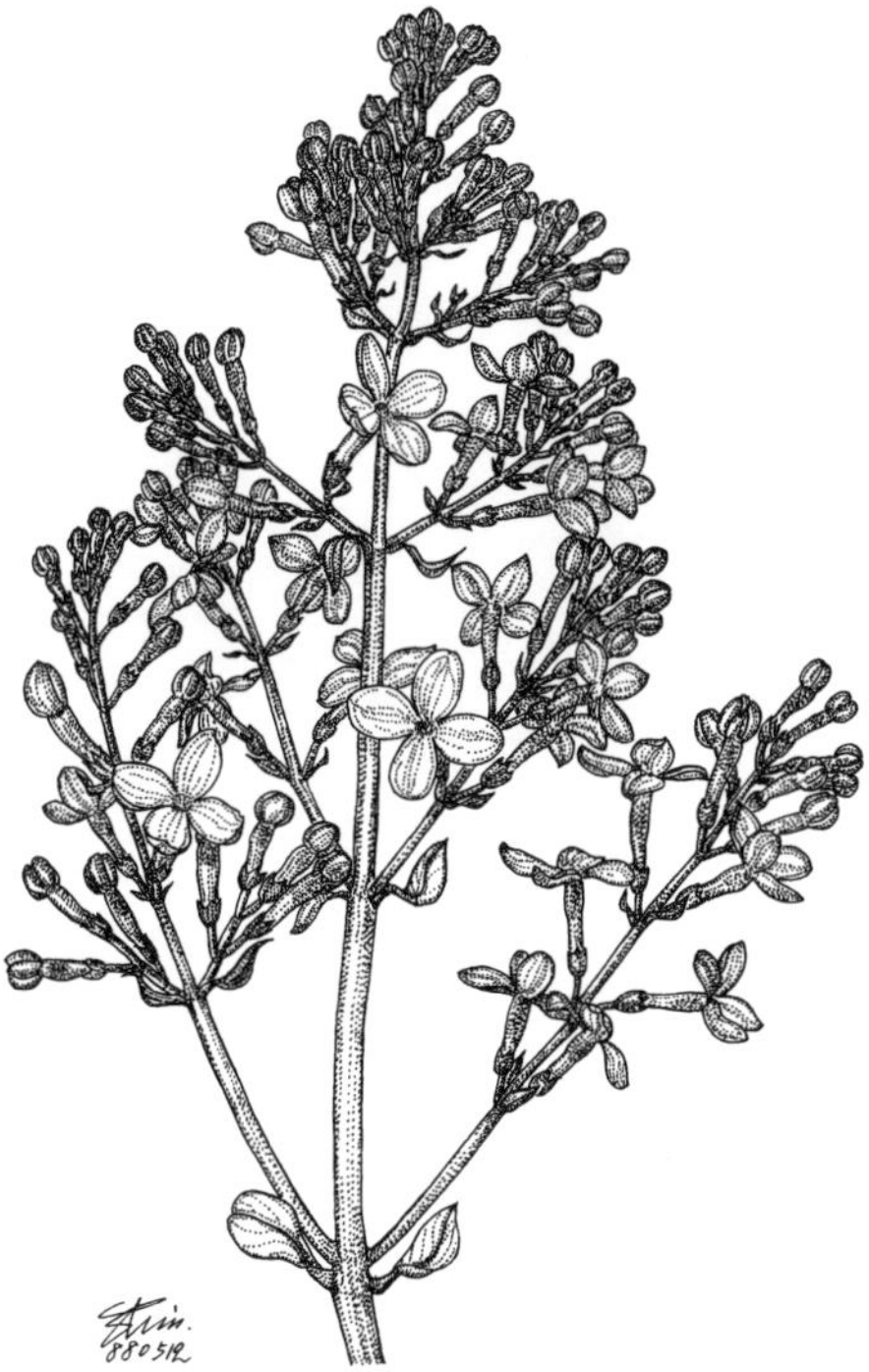

リラ咲いてむらさき光る嶺の雪　星　紫陽子

リラの夕背まるめ洗ふ爪の土　細川　幸子

◆学名　*Syringa vulgaris*
◆科属　モクセイ科ハシドイ属
◆季語　晩春；ライラック、リラの花《はな》、紫丁香花《むらさきはしどい》

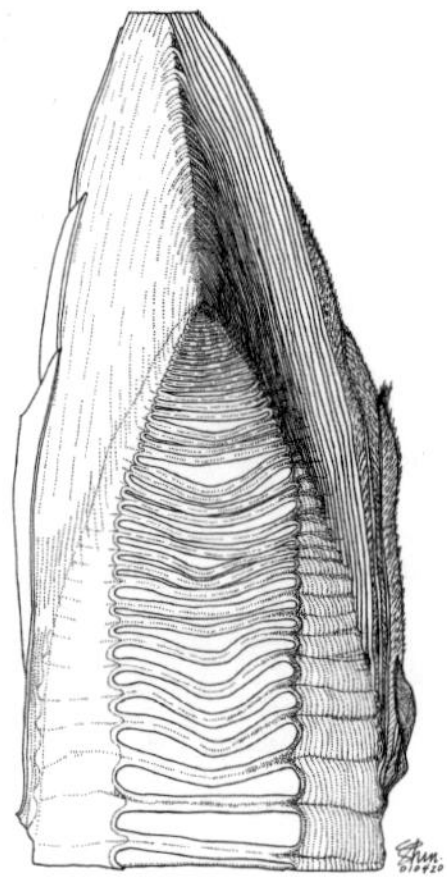

初夏——夏の植物

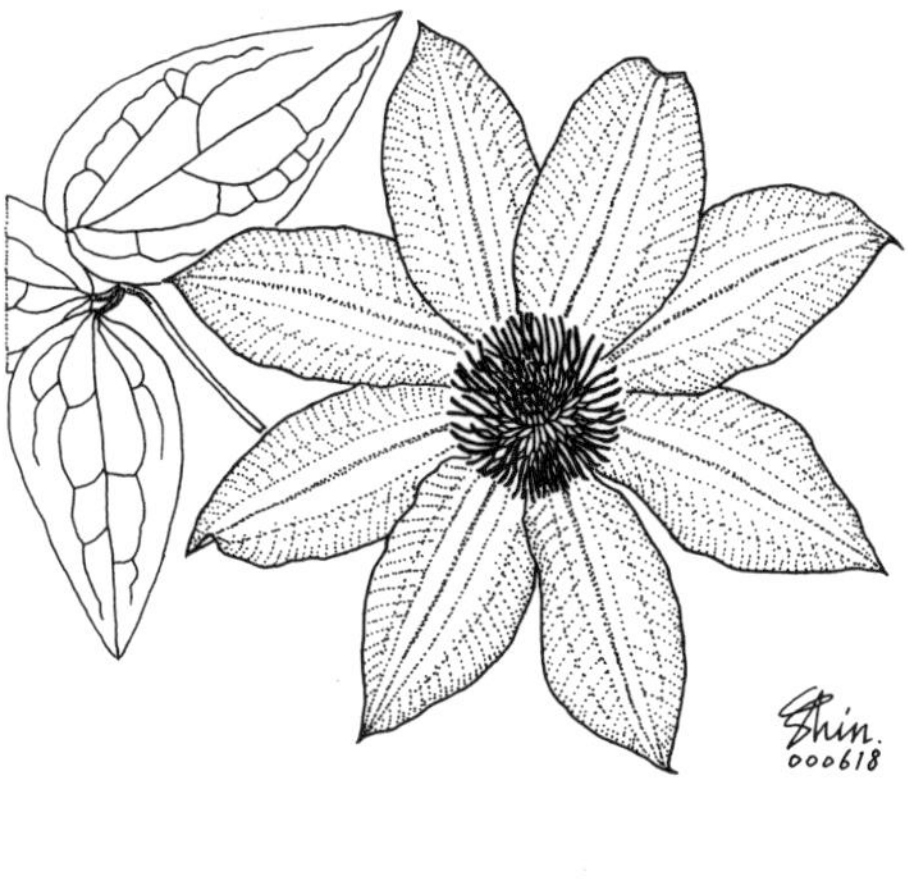

オランダカイウ　和蘭海芋・・・・・・・・・・・・・・

北二町内会の同一班の葬儀を、町内会役員、婦人会役員とともに、班をあげて手伝った。七九歳のおばあちゃんであった。献花には、キク類のほかに、最近の栽培植物がいろいろ混じり、造園林学の先生なのに、質問に答えられない種がいくつかあった。出棺となったら、お手伝いの婦人たちが、それっ、花屋のいないうちに、とばかり、献花を引き抜いて、新聞紙に包んだ。私にも、欲しい花を抜きなさい、との仰せであったので、スケッチ用に一本を抜いた。オランダカイウ（和蘭海芋）であった。

白い、漏斗状の、花びら状の部分は、花を保護する器官の苞《ほう》であり、その形から仏炎苞《ぶつえんほう》と呼ばれる。ミズバショウの苞と同じ器官である。そして、切り開くと、苞のなかに、黄色い穂（肉穂花序《にくすいかじょ》）が入っている。上部から中部が雄花群であり、下部が雌花群である。これには、切り花にされるくらいであるから、ミズバショウのような強烈な臭気はない。

これは、サトイモ科、フィロデンドロン亜科（サトイモ亜科）、ザンテデスキア属（オランダカイウ属）の一種であり、南アフリカの原産である。和名のオランダカイウよりも、むしろ、英名のカラーのほうでよく知られている。園芸品種には、苞の色が白だけでなく、黄色、クリーム色、ピンク色などもある。ヨーロッパ経由で、日本へは、江戸時代末期に入ったらしい。

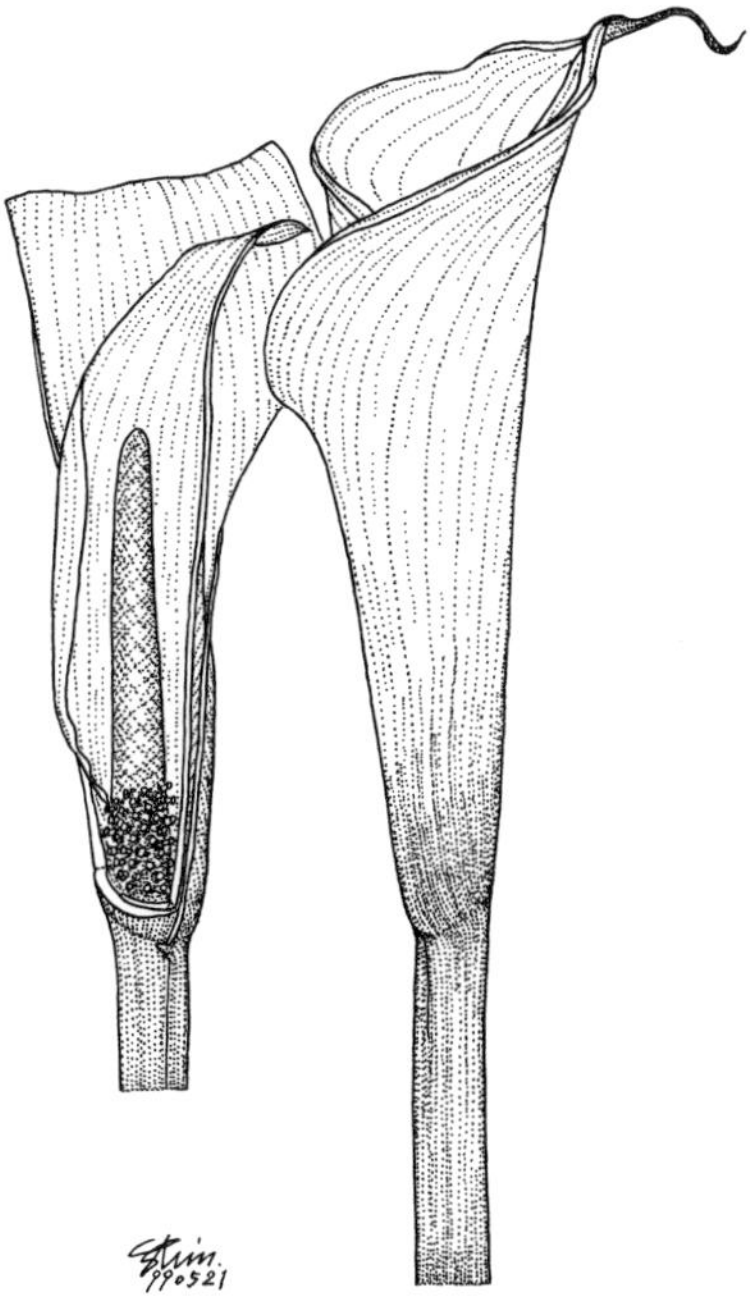

萱屋根の眠りをゆする芋嵐　岡澤　康司

万緑の墨のごとしや海芋咲き　山口　青邨

◆学名　*Zantedeschia aethiopica*
◆科属　サトイモ科ザンテデスキア属（オランダカイウ属）
◆季語　初夏；カラー、海芋《かいう》

オクラ

朝の食卓に、納豆がでて、それに緑色の蓮根のような輪切りが混ざっていた。納豆の粘りに加え、それの粘り（ぬめりと、とろろ風味）もあって、力がつきそうになった。

オクラの果実は、さく果であり、細長く、緑色をし、一見、青唐辛子風（液果《えきか》）である。ただし、稜があって表面に白い短毛が生えている。この毛は、軽い塩もみでのぞかれる。果実は、長さが六～七センチの若いものが収穫される。これを輪切りにすると、円形から五角形～九角形をしていて、蓮根に似ているので、オカレンコン（陸蓮根）の別称もある。

多くの品種があるが、絵は、露地栽培に適する、早生の矮性品種で、さく果が濃緑色で、断面が五角形をした、グリーンスターであるらしい。

これは、アオイ科、トロロアオイ属の一種であり、果実を食用とするために栽培される。アフリカ東北部の原産であり、約二〇〇〇年前にエジプトで栽培されていた。今日では、アメリカで生産が多いらしい。江戸時代末期に、わが国に渡来したらしく、一九六五（昭和四〇）年ころから、栽培が増え、年間一万トン以上に達している。寒さに弱いので、南国で、ハウス栽培され、高知県が全国の半分を生産し、次いで、鹿児島、埼玉、千葉、愛知などがおもな産地である。けれども、妻が、知人から分けてもらった苗を植えたところ、わが家の菜園でもオクラを食べられた。

青なんばん啖ひて酌みて霧深む　相川　育洋（啖《くら》ひ＝くらひ）

とろろ汁信濃の訛愛すべし　長山　遠志

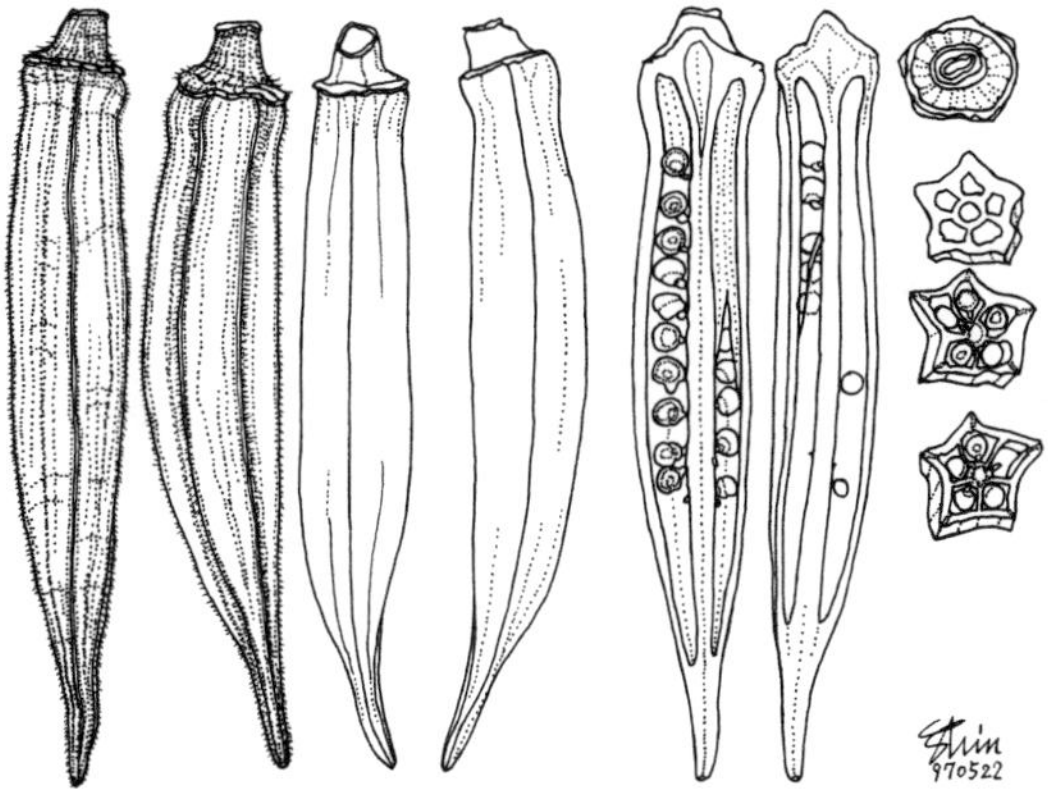

◆学名　*Abelmoschus esculentus*
◆科属　アオイ科トロロアオイ属
◆季語　三秋；オクラ、アメリカネリ

アスパラガス・・・・・・・・・・・・・・・・

農村は、人が足りない。ましてや、過疎の山村である。草地が主体でも、肥沃な畑には野菜がつくられ、わが妻にまで援農アルバイトの声がかかる。二、三日なら腰がもつだろうと、妻は出かけてゆく。天塩中川では、小規模ながら、ジャガイモ、長芋、アスパラガス、小豆、キャベツ、大根、ほかが生産されている。サラリーマン夫人は、朝遅く、夕早いアルバイトであるが、それでも、晩飯の菜をもらって帰る。ビールに、塩焼きのアスパラガスがつく。

アスパラガスは、ユリ科、アスパラガス属の多年生草であり、オランダキジカクシ（和蘭雉隠）、マツバウド（松葉独活）の別名もある。春に根茎から太い地上茎をだし、日光で緑色になるとグリーンアスパラと呼ばれ、土かけされ、白色のまま掘り出されると、ホワイトアスパラと呼ばれる。

葉が退化してしまい、光合成を行う器官は、密に茂った、細い、緑色の、松葉状の小枝（葉状枝《ようじょうし》）である。雌株には秋に、紅色をした球形の果実がつき、なかなか美しい。南ヨーロッパでは、紀元前から、これが食用に栽培されていたらしい。生け花のシノブボウキ、鉢植えのスギノハカズラ、クサスギカズラなども、アスパラガスの仲間であり、食用ではなく、観賞用に栽培されている。

なお、山地に自生するキジカクシは、同じアスパラガス属種であり、栽培種とよくまちがわれる。自生種キジカクシの枝には稜があり、栽培種アスパラガスの枝は円い。

アスパラの白さ日輪炎えはじむ　木田夫久朗

宝石のごとアスパラの実の真紅　明石　浩嗣

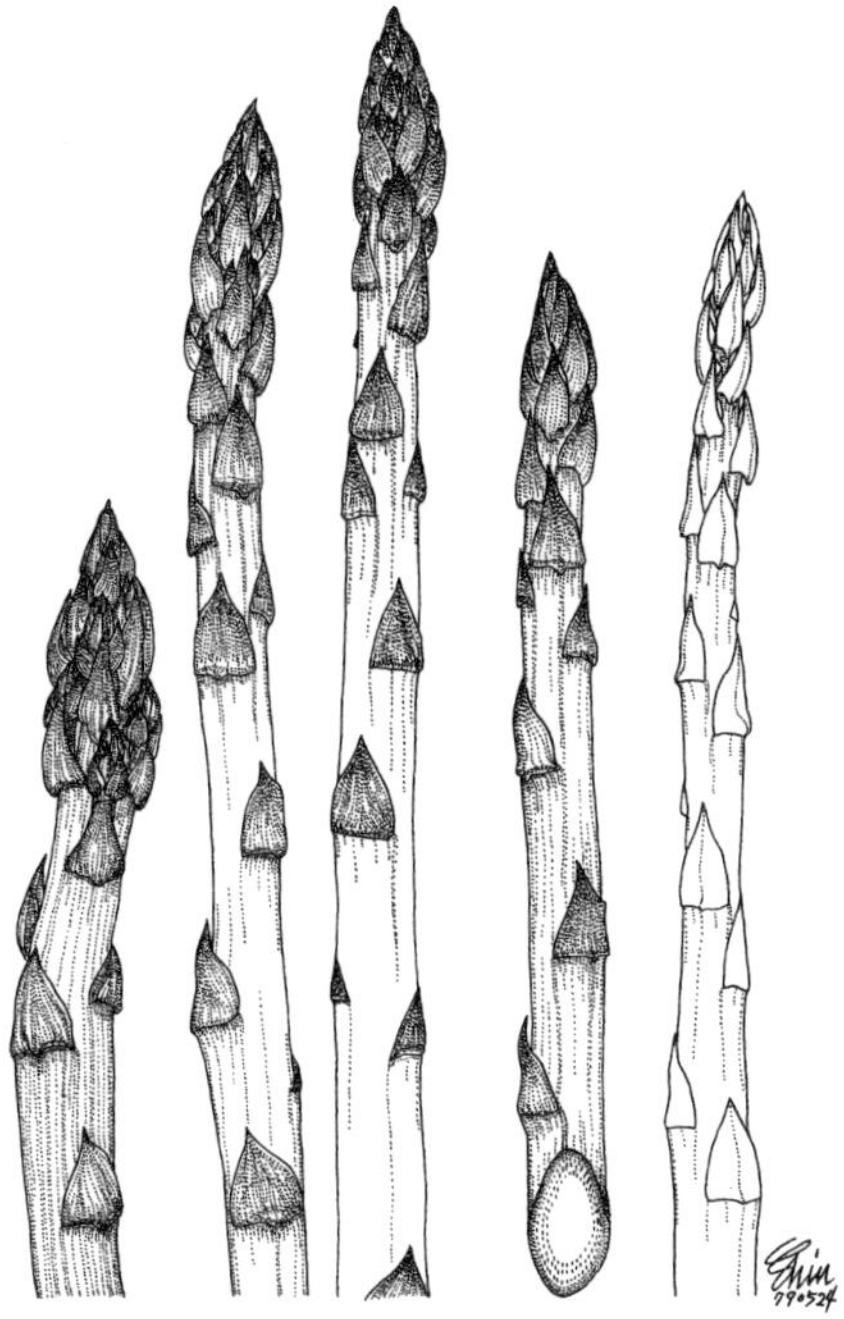

◆**学名**　*Asparagus officinalis* var. *altilis*

◆**科属**　ユリ科アスパラガス属（クサスギカズラ属）

◆**季語**　**晩春**；アスパラガス、松葉独活《まつばうど》、石刁柏《まつばうど》、西洋独活《せいよううど》、オランダ雉隠《きじかくし》

くちべにずいせん　口紅水仙

庭に、スイセンが咲いたから、描いたら、と妻に言われた。遅い、低温続きの春でも、草花はちゃーんと咲いてくれる。ラッパズイセン、キズイセン（黄水仙）、八重咲き水仙、ニホンズイセン（日本水仙・房咲き水仙）などに混じって、副花冠《ふくかかん》が赤色のクチベニズイセン（口紅水仙）も咲いていた。土曜休日の教員生活なので、それでは、とはさみをもって、庭に降りた。そしたら、ベランダの下から、小鳥が飛びだした。おや、と思って、のぞくと、薪の籠に、立派とは言えない巣があった。

スイセンの仲間は、外側に大きい花弁が六枚（外花被片《かひへん》が三枚と内花被片が三枚）であり、ついで、副花冠と呼ばれる筒状の、第二の花弁のような部分があって、中心に一本の雌しべと六本の雄しべがある。この副花冠の存在が、スイセンの特色の一つであり、その形態から、「ラッパ」とか「杯」とか呼ばれる。

『園芸事典』によると、これは、クチベニズイセン系のショウハイズイセン（小杯水仙）に属し、写真を見くらべると「ロッコール」という栽培品種であるらしい。

これは、ヒガンバナ科、スイセン属の一種であり、多年生草であって、球根（鱗茎《りんけい》）をもつ。母種クチベニズイセンは、スペイン、フランスからギリシアまで広く分布し、葉は平たく、四枚つき、長さが三〇～四〇センチあり、花は直径四・五センチくらいある。

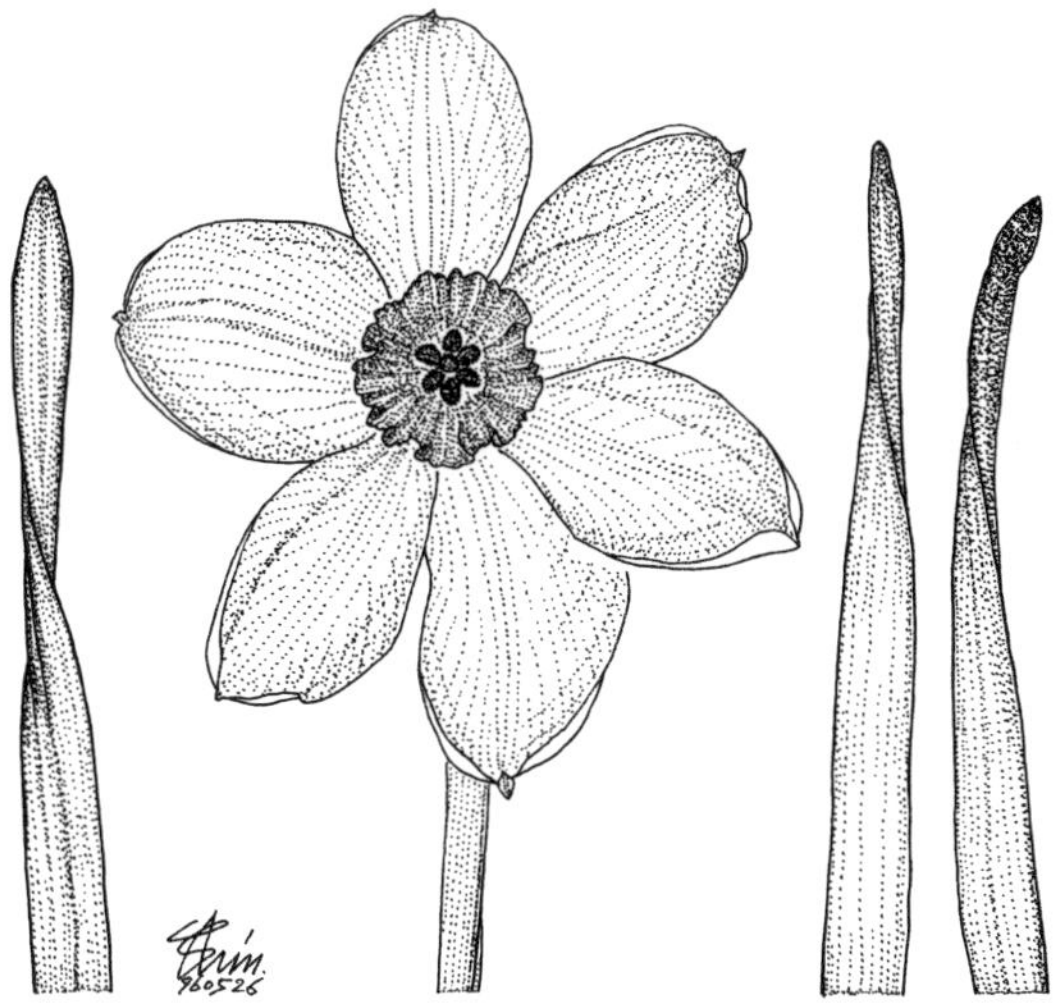

女らに水仙の精をどりでし　土岐錬太郎

水仙に結ぶゆめみなうるはしき　石黒　白萩

◆学名　*Narcissus poeticus* cv.
◆科属　ヒガンバナ科スイセン属
◆季語　晩春；口紅水仙《くちべにずいせん》、早生《わせ》口紅《くちべに》

あやめ

日曜日の午後は、好天であった。郭公を聞きながら、わが家の南側にある、切り土法面の法尻の側溝ぞいに、側溝の深さの半ばまで掘って、コンクリートのテストピースを立て並べ、切り込み砂利を入れ、アヤメ、スイセンを植え、アジサイを伏条させ、土を埋め戻した。テストピースと砂利の分、地面が高くなった。時期的には、春から初夏で、草花の移植には不適なのであった。けれども、これまでの花壇が、オーナーの意向で、アスパラガスの菜園に転換され、邪魔になった草花のうち、掘り取られたのがあって、生ゴミにするのでは哀れなので、庭師が、その半ばを、自己流の土木的な工法による、狭い花壇に移したのであった。

このアヤメは、大きく広い、剣状の葉をもち、葉が檜扇のように広がり（二列互生）、大きい根茎と太いひげ根をもつ。根茎が太く、球根状から塊根状で、一年ごとにくびれがある。根茎から、新しく数本の茎が伸びて、株立ちになり、それぞれの茎の基部に太いひげ根が伸び出し、花茎を伸ばしたものもあった。

これは、アヤメ科、アヤメ連、アイリス属（アヤメ属）、イリス（根茎アイリス）亜属の園芸交雑品種であり、ジャーマンアイリス（ドイツアヤメ）の系統であるらしい。この系統の品種は、植物体が大きく、花が大きい。園芸作業暦によると、本州方面では、開花が五月であり、植えつけ・株分け・施肥の適期が八～一〇月であるらしい。

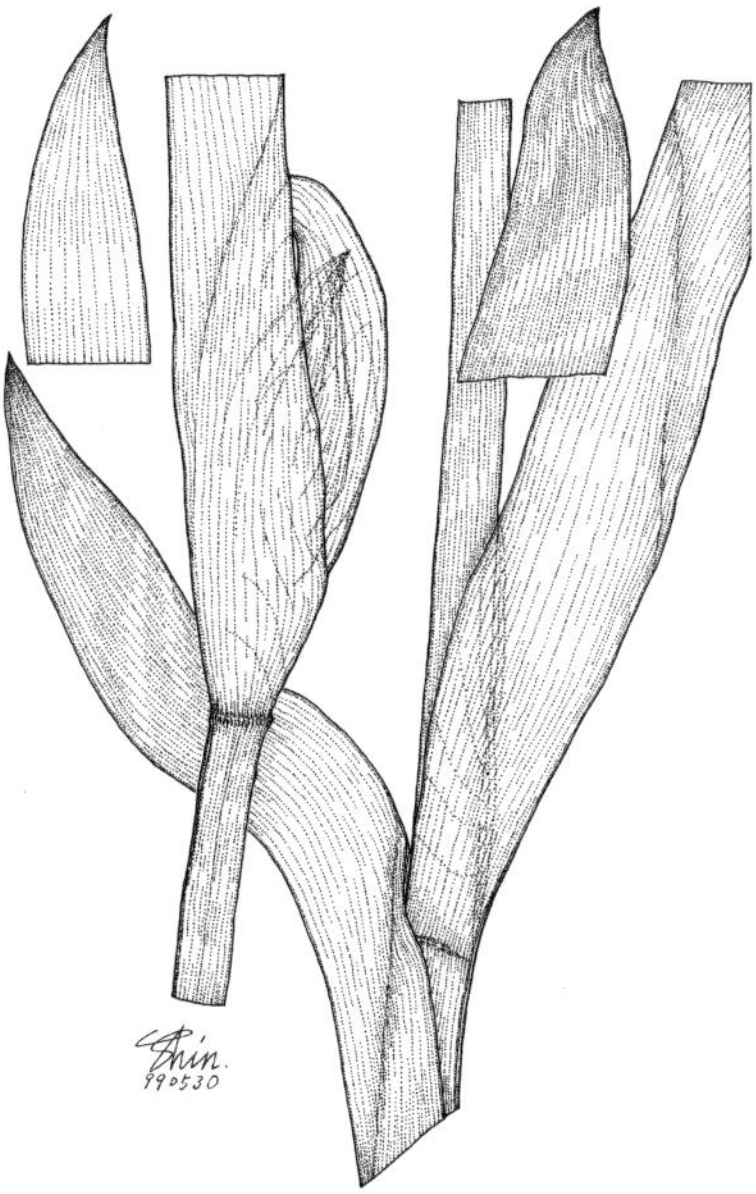

花あやめ女のものは陰干しに　石黒　白萩

風が截るむらさきの影花あやめ　相川　育洋

◆**学名**　*Iris sanguinea*
◆**科属**　アヤメ科アイリス属（アヤメ属）
◆**季語**　（あやめ）**仲夏**；あやめ、花《はな》あやめ、白《しろ》あやめ、くるまあやめ、ちゃぼあやめ
（アイリス）**初夏**；アイリス、西洋《せいよう》あやめ

しろつめくさ　白詰草・・・・・・・・・・・・・・・・

石狩川の広い河川敷に、腰を下ろし、薫風に遠く郭公を聞きながら、先日摘んだフキ、タケノコの煮付けを食べた。北国では、五月下旬から六月下旬の一月間は、日が長く、好天が続き、ほんとうにすばらしい季節である。青空、南風、低めの湿度、新緑から万緑、・・・・。わが終の地は、遠出しなくても、そのまま第一級のリゾートである。

草に寝て、空を仰ぎ、雲雀を聞き、遠嶺を見て、周囲の草ぐさを観察した。帰化植物が、たいへん多い。いや、自生植物が見当たらない！　マメ科では、シロツメクサ、アカツメクサ、シナガワハギの三種が目立っていた。シロツメクサの白斑が入った葉を探した。これは、三枚で一組（複葉《ふくよう》）であり、長く、丈夫な葉柄《ようへい》で立ち上がっているのである。四小葉の、幸せものを捜しだせなかった。

これの漢字は、白詰草であり、白爪草（ナデシコ科）ではない。名前の由来は、これの枯れ草を、クッションとして、ガラス器の輸送箱に詰めたから、といわれる。

白詰草は、ホワイトクローヴァー、オランダゲンゲ、とも呼ばれ、マメ科、シャジクソウ属の、多年生草である。ヨーロッパ原産であり、江戸時代に渡来したといわれる。道路沿い、芝生などの、草刈りされる場所において、旺盛に生育して、荒れ地、川原にも、帰化していて、ふつうに生育する。これは、後から渡来したレッドクローヴァー（赤詰草）よりずっと逞しく生きている。

クローバの花をつなぎつ牛を守る　増原　泉圃
クローバの四葉授かるかと憩ふ　荻野　静峰

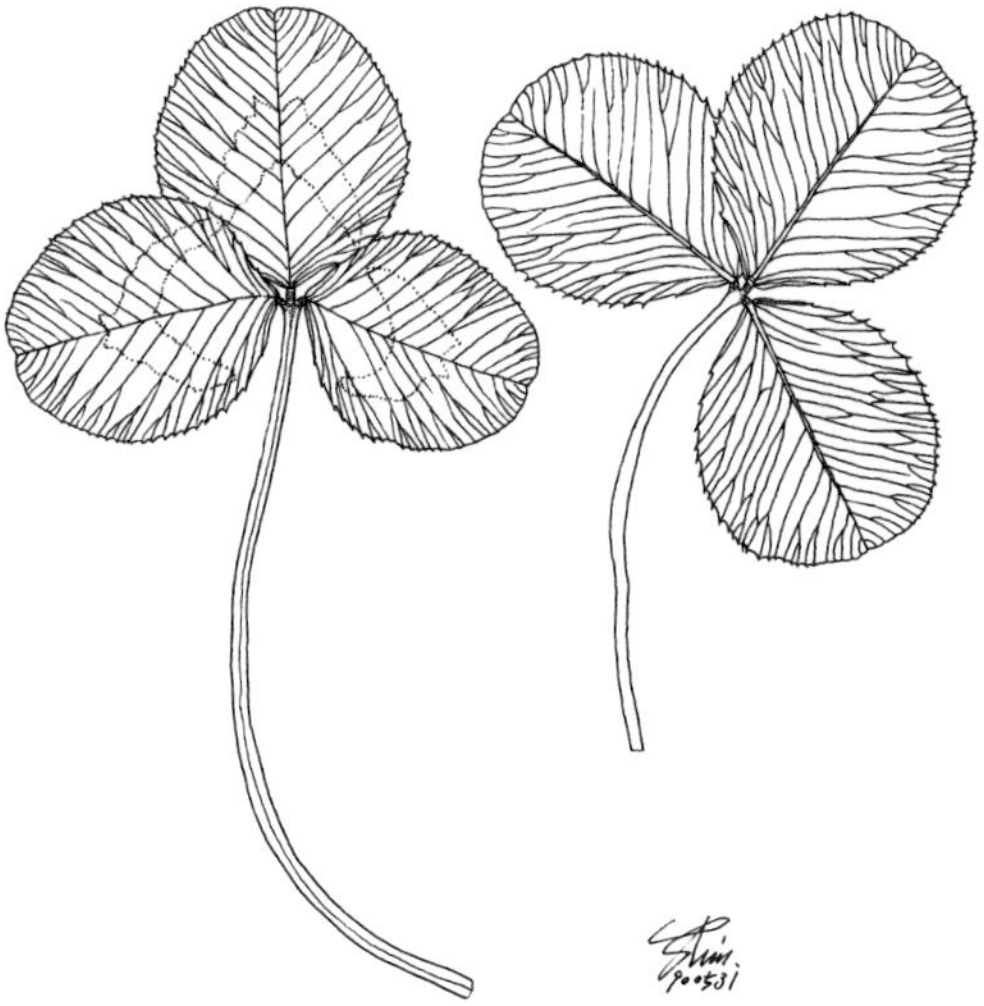

◆学名　*Trifolium repens*
◆科属　マメ科シャジクソウ属
◆季語　晩春；うまごやし、苜宿《もくしゅく》、クローバー、しろつめくさ、オランダげんげ

あきたぶき2

秋田蕗

蕗のとう（薹）が顔をだしてから、早一カ月がすぎた。とうは、すっかり大きく伸び、綿玉ができて、風に飛びはじめた。フキのタネは、セイヨウタンポポと同じように種子ではなく、種子を内蔵した果実（瘦果《そうか》）そのものであって、花柱《かちゅう》も残り、その先（柱頭《ちゅうとう》）にパラシュートをつけ、風に散布され、着地後、すぐに発芽して、秋半ばには、いっぱしの越冬芽を形成する。このところ、雨天が続いたので、今日散ったタネの発芽も、うまくゆくことだろう。とう（薹）は、形態的には、花序（および花序軸）という。

とうに続いて、葉があらわれる。アキタブキの葉は、ごくごく短い地上茎につくが、地際からでてくるので、根出葉（根生葉）と呼ばれる。大きく、円い、円状腎臓形の葉身《ようしん》は、直径が一〇〇センチに達することさえ、それほどめずらしくない。しばしば茎とまちがえられるが、太くて長い、食用の部分は、葉柄である。この長さは、一五〇（～二〇〇）センチにもなる。この多肉質の葉柄《ようへい》は、代表的な山菜のひとつである。アキタブキは、沢沿い、林道沿いの適潤地から採取されるほか、屋敷の隅に植えられたり、産業として栽培されることもあって、山菜加工場の主力製品でもある。

新しい土堤で、蕗刈りをした。娘が、ビニールの買い物袋に入れては、車まで運んでくれた。私は水がほとばしる蕗を、ザック、ザックと刈ればよかった。肌寒い日で、吸血虫がいなくて助かった。トランクをいっぱいにして帰宅したら、妻が長さを切り揃え、またたく間に、二樽と半が塩漬けされた。このあと、本漬けとなる。

寂しければ雨降る蕗に燈を向くる　橋本多佳子

湯治婆たちの蕗ある流し元　三ツ谷謡村

◆学名　*Petasites japonicus* var. *giganteus*
◆科属　キク科フキ属
◆季語　初夏；秋《あき》田《た》蕗《ぶき》

みつば

三葉

羽幌町の沖の、日本海に浮かんだ双子島のひとつ、焼尻島には、ミズナラ・イチイ群落があり、天然記念物に指定されているが、衰退が心配される、イチイの調査にいった。ミズナラ林の地面（林床）には、落ち葉を押し上げて、ミツバがびっしり生えていた。ミツバは、明るい樹陰の下草であり、腐葉土に生育するが、カタクリ、フクジュソウ、エゾイチゲ、エゾエンゴサク、ほかの早春季植物（早咲き草本）とはちがって、上木が着葉して、林内が暗くなっても、枯れ急がない。ほの暗い林床で、ゆっくり葉を伸ばしてゆく。島の旅館の味噌汁は、夫が漁師のせいか、四泊しても、ついに、ミツバが入らなかった。若布、若布、ホウレンソウ、の三食繰り返しであった。漁師は、野菜も山菜も、海藻ほどには目を向けないらしい。

店先に一年中見られるミツバは、ほの暗くして栽培されたもので、いわば「もやしミツバ」であり、葉の色が淡く、質が薄く、葉柄が長く、香りが弱い。これに反して、天然ものは、色が濃く、質が厚く、香りが強いけれども、春先の、まだ柔らかいときにしか食用にならない。今日では、消費者は、栽培ものに慣らされてしまい、天然ものは食卓から締め出されたらしい。山菜採りでも、ミツバは重視されていない。

ミツバは、セリ科、ミツバ属の多年生草であり、葉が三枚の小葉からなるために、「三葉」と呼ばれる。春に、地表をはう葉を、根出葉という。その茎は割合に高く伸び、三〇～六〇センチに達して、茎葉をつける。夏には、茎先に小さい花群をつけて、小さい白い花を咲かせる。

母の忌の目の中にほふ三葉芹　秋本不死男
三つ葉提げて帰る清しさ人も見る　殿村菟絲子

◆学名　*Cryptotaenia japonica*
◆科属　セリ科ミツバ属
◆季語　三春；三葉芹《みつばぜり》、みつば

フランスギク　仏蘭西菊

町内一斉清掃日が近づいて、あらかじめ、道路の草刈り、草抜きがおこなわれている。地先主義というのか、自分の家の前の、道路の雑草には責任があるのである。セイヨウタンポポ、タンポポモドキ（ブタナ）、ヘラオオバコなどの、ロゼット型の葉（越冬タイプの根出葉）をもつ草ぐさは、草刈りに平気である。また、花がきれいで、刈り残されるものもあり、フランスギクがその一つである。

雑草としておくのは、もったいない、ということで、花壇に移される場合もある。これの道路法面、空き地などにおける小群落は、人間とのかかわりがあった結果である。

剣道の稽古で、左足ふくらはぎ肉離れをやり、好天の土曜日の午後にも外出できず、窓外を見ていて、この花を見つけ、描いてみた。頭花《とうか》全体としては一重咲きであり、まわりの舌状花が白色であって、中央の筒状花が黄色である。筒状花の配置は、らせん配置でなく、黄金分割であるけれども、うまく描けなかった。キク科の花ばなは、ヒマワリも、フランスギクも、描くと、どれも同じようになってしまう。

これは、キク科、キク属、フランスギク節の草本であり、葉がヘラ形で、歯牙縁《しがえん》がある。世界各地に栽培されるけれども、野生化もしていて、帰化植物である。高さが一〇〇センチにもなり、茎の先に、一個の、直径が四～六センチの頭花をつける。

これを誤って、マーガレットというけれども、マーガレットはモクシュンギク節の、亜低木であり、暖地に栽培され、耐寒性に乏しく、茎の下部が木化して、冬にも地上部が枯れない。

夏菊やピアノ懶き午後の隙
森　富枝（懶き＝ものうき）

鎌研ぎは男にまかせ草刈女
下仲　里美

◆学名　*Chrysanthemum leucanthemum*
◆科属　キク科キク属

うど　独活・・・・・・・・・・・・・・・・・・・・

山林へ雪害調査に行ってきた同僚が、いかがですか、と太いウドをおすそ分けしてくれた。鮮緑色で、艶があり、毛の密に生えた茎は、グリーンウドと呼ぶにふさわしく、かじれば強い香がある。さっと茹でて、酢味噌に和えると、かっこうのビールのつまみになる。塩蔵しておいて、冬に食べても結構である。こごみ（クサソテツ）、フキ（アキタブキ）、筍（チシマザサ）、アスパラガス、・・・と並んで、わが家の食卓では、このごろ、草が大きな顔をしている。もう何日かすると、ウドは高く伸び、茎が硬くなって、食べられなくなり、「ウドの大木」と悪態をつかれるようになってしまう。ただし、茎先の柔らかい部分は、天ぷらにすれば、夏まで食べられる。

ウドは、日本各地の野山に広く自生し、日当たりのよい場所に生育する。林道の法面とか、小さい崩壊地の斜面の下部に旺盛に生育する。けれども、年々、少しずつ埋没する立地を好むので、「崩土の植物」のひとつである。こういう場所では、白茎の長い、香りの強い山ウドが採れるわけである。

畑で、土を畝立てしたり、籾殻入りの炭俵を載せたりして、もやし状のホワイトウドが栽培される。これが店先に並べられるが、香りも、歯触りも、グリーンウドに、かなり劣ってしまう。

ウドは、ウコギ科、タラノキ属の多年生草であり、大型で、高さが二メートルにもなる。大きな羽状複葉《うじょうふくよう》をもち、ヤツデのような花をつけ、丸い黒紫色の、小鳥の好む液果《えきか》をつける。

独活置きし白きタイルのうすきくもり　加倉井秋を

独活食ふや酔へる女の眼をさけて　亀田ゆたか

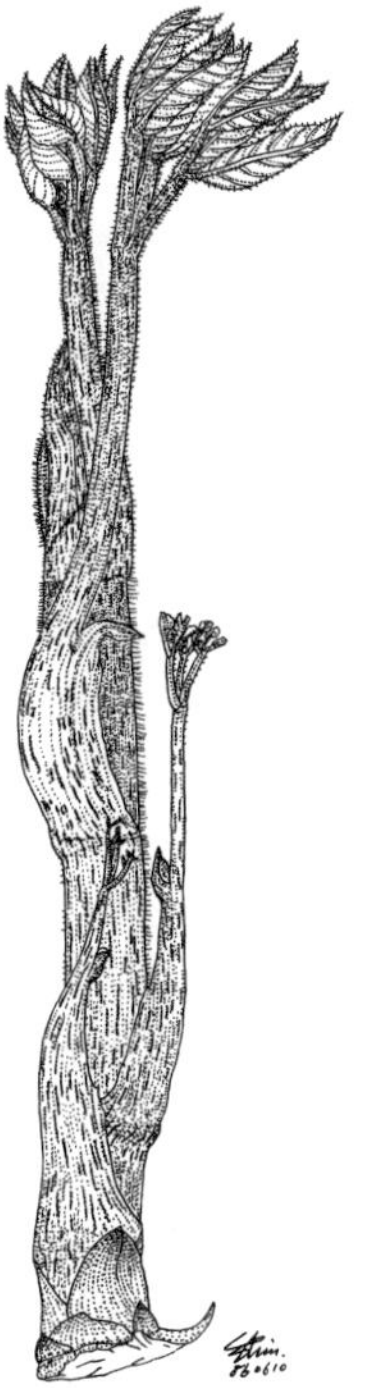

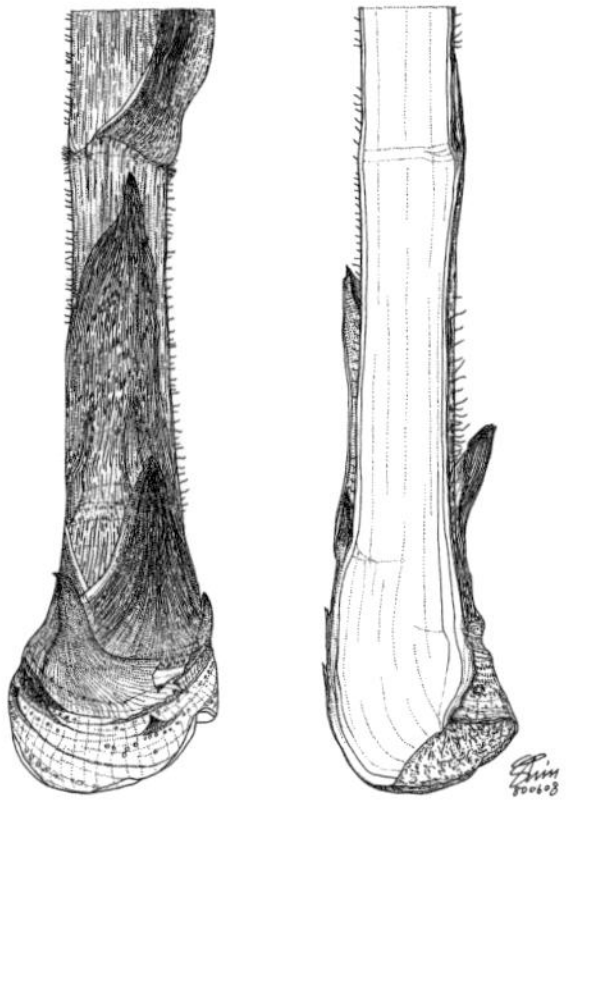

◆学名　*Aralia cordata*

◆科属　ウコギ科タラノキ属

◆季語　晩春；独活《うど》、芽独活《めうど》、山独活《やまうど》、もやし独《う》活《ど》、仲冬；寒独活《かんうど》、寒土当帰《かんうど》

クレマチス・・・・・・・・・・・・・・・・・・

わが家の北側の、半日陰に植えられたクレマチスは、宿根草であるので、毎年、細ぼそと、あるいは、しぶとく、生き続けていて、春に新芽を出すと、細いが丈夫なつる（鉄線？）で、貧弱なイチイ垣根によじ登り、一〜二個の花を咲かせてきた。この年も、ニセアカシアとほぼ同時期に、ただ一個の薄紫の花を、つるの先に咲かせた。そろそろ、株も衰えたかな、と思い、長年のご苦労の記念に、スケッチをしておくことになった。中皿に、水を張り、花を上向きに浮かべて、ペンを握った。

この花の特徴は、花弁がないことである。花弁らしく見える器官は、萼片《がくへん》であり、野生では四枚が標準らしいが、六枚、八枚もあるらしい。雄しべが多数（無数）あり、雌しべも多数ある。園芸品種では、八重咲きもある。八重咲きの、多数の花弁状萼片は、外側の六〜八枚をのぞくと、多数の雄しべの一部が変態したものである。

クレマチスとは、キンポウゲ科の一属名であるが、一般にクレマチスと呼ばれる場合には、多様な、一〇〇以上の園芸品種を総括している。そして、おもに、同属の自然種であるテッセン、カザグルマなど、四種が交雑され、つくりだされたものである、という。したがって、クレマチスとは、テッセン（鉄線）の英名である、とは言えないことになる。

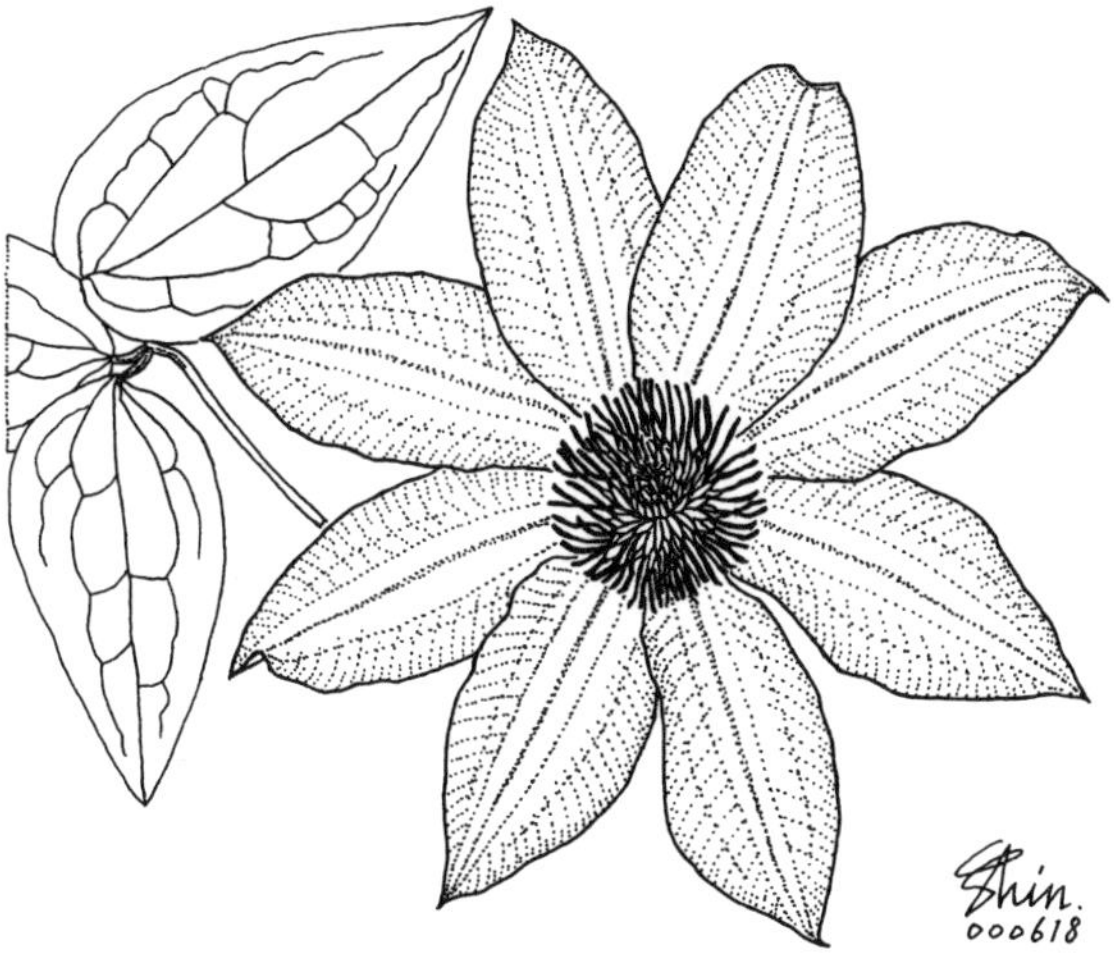

起臥や鉄線の白控目に　福岡　耕郎

夜は星の雫に濡れて鉄線花　熊崎かず子

◆学名　*Clematis* cv.
◆科属　キンポウゲ科クレマチス属（センニンソウ属）
◆季語　初夏；鉄線花《てっせんか》、鉄線《てっせん》、てっせんかずら

えんれいそう　延齢草

エンレイソウ（延齢草）とは、まことにお目出度い名前である。これは、漢方薬の一種であって、根系が乾燥され、胃腸薬として用いられるようである。

エンレイソウ属は、ユリ科の植物であり、北海道には三種が知られている。エンレイソウ、オオバナノエンレイソウ、そして、ミヤマエンレイソウ（シロバナノエンレイソウ）である。

ふつう、エンレイソウといえば、「北海道の花」の候補にもなり、北大の校章にもなっている、オオバナノエンレイソウ（大花延齢草）であって、大きい白色の花弁と緑色の萼片《がくへん》をもつ。ミヤマエンレイソウ（深山延齢草）も同様である。ところが、本命のエンレイソウは、花弁がなく、萼片だけで、花としては見栄えがしない。

これは、明るい落葉広葉樹林の林床や林縁に、沢沿いにも、ふつうに生育し、地下茎が横にはい、丈夫な根がある。地上茎の高さは、二〇～四〇センチになり、その頂に、広い卵状菱形の葉を三枚輪生する。こんなに広く、網状脈の葉でも、イネ（平行脈）と同じく、単子葉植物である。萼片が三枚、花弁が三枚（退化）、雄ずいが六本、雌ずいの先が三裂、というように、花の各器官について三が基準なので、学名は三にちなんで、トリリウムである。

エンレイソウは、ゆっくり成長し、種子が落ち、発芽してから、花が咲くまでに一〇年あまりもかかる、といわれる。秋には、果実が大きくなり、食べられるので、やまそば（山蕎麦）と呼ばれることもある。

海霧押して山底冷ゆる延齢草　白井長流水
天皇お席へ延齢草のかぎろひに　新田　汀花

◆**学名**　*Trillium smallii*
◆**科属**　ユリ科エンレイソウ属

ぎょうじゃにんにく　行者大蒜

・・・・・・・・・・・・

これが咲きだしたから、描いてみんかい！　とHさんが、林試の苗畑から、研究用に掘り取った草花を、隣のわが研究室へ、持参された。臨職のK嬢の質問は、これなあに？　そこで、ひとくさり、語りだしたのが、私である。だいぶ前に、そう、幼稚園児のころだったと思うのであるけれども、これをジンギスカン鍋で食べて、帰宅したところ、あまりの臭気に、アルコールも混じってだろうね、娘が、お帰りなさいのキッスを、してくれなくなってしまったんだ。

あっ、もしかして、あれじゃないの、アイヌネギとかいう草でしょう！　そうです、山菜の王様、ギョウジャニンニク（行者大蒜）なのです。今、描くために、三つに切るから、匂ってくるよ。そうら、この臭気、二度と忘れないでしょう。

世をあげて、一村一品の時代です。山菜も、例外ではありえません。ギョウジャニンニクも、畑に栽培されはじめ、土寄せ、籾殻覆いなどして、白ネギ、アスパラガス、ウドのように、「もやし」、「ホワイト」ものをつくろう、という試みもなされているのです。株分けも、タネ播きも、もちろんです。

これは、ユリ科、ネギ属の多年生草であり、ネギ類としては幅広の、筒形でない葉をつけ、地下に鱗茎《りんけい》があって、その外側に、シュロのような網状繊維をかぶる。長い花茎の先に、球状に、多数の小花群（散形花序《さんけいかじょ》）をつけ、ひとつの花に、内外各三片の花被片《かひへん》と、六本の雄しべと、一個の雌しべとをもつ。

杣乗りてキトピロの臭いバスに充つ　木村　芳舟

青東風や渓にひしめくアイヌねぎ　矢島　有豊

◆学名　*Allium victoriallis* ssp. *platyphyllum*

◆科属　ユリ科ネギ属

グラジオラス

今日は、町内清掃日であり、日頃、顔を合わせない人びとが、剪定ばさみ、草刈り鎌、ブラッシュカッター、スコップ、鋸などをもって、朝から働いている。終わったら、交通安全パレードをし、さらに、昼には、ジンギスカン鍋を囲んで、親睦会をする、ということである。お互いに、この日ばかりは、花壇をのぞきあって、草花の株・球根の交換を約束しあうことになる。

どこから貰ってきたのか？　明らかでないけれども、イチイ生垣の南側に、一列の、小花で、鮮紫紅色をした、グラジオラスが並んでいる。これは、この年も、夏至のころに、咲きだした。剣形の葉を立て、茎が高さ五〇センチほどに伸び、その先に、一〇個ほどの花ばなが、穂状花序をなして、偏ってついている（偏側生）。図鑑に相談すると、地中海沿岸に自生する、ビザンティヌス種であるらしい。原種ではなく、栽培品種のひとつであろうけれども。

グラジオラスというのは、アヤメ科、グラジオラス属の総称であり、特定の一種の名前ではない。この属には、二五〇～三〇〇種が存在し、アフリカ大陸が原産地であって、地中海地方、アラビア半島、西アジアにも自生する。花壇に見られるものは、交雑して改良された、春咲きと夏咲きの系統であり、白、黄、橙、赤、淡紫、紅紫、そのほかの、多様な花色をもつ。グラジオラスの名前だけでよい、と思われるけれども、オランダアヤメ（和蘭あやめ）、トウショウブ（唐菖蒲）の別名もある。

グラジオラス一方咲きの哀れさよ　村上　古郷
グラジオラスの赤ぼたぼたといらだたし　坂田　文子

◆学名　*Gladiolus* cv
◆科属　アヤメ科グラジオラス属（トウショウブ属）
◆季語　三夏；グラジオラス、和蘭《オランダ》あやめ、唐菖蒲《とうしょうぶ》

おおばこ　車前草

山道、野道、川原など、どこにも見られる草のひとつが、オオバコである。しかも、自然のままの場所に生育するのではなく、人間が歩いた道に沿って見られる。人に踏まれる場所に生育するということから、これは、踏みつけ群落の代表種とも見られる。踏みつけ道は、ほかの植物が生育しにくく、道沿いに種子が運ばれるから、オオバコには好都合なのである。

これは、オオバコ科、オオバコ属の多年生草であって、ひげ根が太く、長く、多数ある。地上茎がほとんどなく、葉は、根出葉と呼ばれて、地際からでて、幅広く（大葉子）、五～七本の弧状の平行脈があり、長い葉柄をもつ。漢名の車前ないし車前草は、葉が地面に輪生するからであろうか？　その花茎（正確には、花序軸）は、高く立ち上がり、細い穂状花序をつける。花は、小さく、下から上へ、次つぎに咲いてゆき、上部で花糸が突きでるときには、下部では果実ができている。果実（さく果）は、横に裂け、黒褐色の微小な種子を四～六個もつ。

オオバコは、日本各地をはじめ、マレーシア、中国、東シベリアまで、東アジアにたいへん広く分布する。類似種に、エゾオオバコ（海岸線）およびヘラオオバコ（草地、ヨーロッパ産）がある。漢方薬として、種子が利尿、咳止めに用いられ、車前子と呼ばれる。また、葉が、利尿、健胃剤として、切り傷、腫れ物の治療にも用いられてきた。

車前草今年つとめて日焼たり　大野　林火

ねころべば樺太車前草やはらかし　橋本多佳子

◆**学名**　*Plantago asiatica*

◆**科属**　オオバコ科オオバコ属

◆**季語**　**初夏**；車前草《おおばこ》の花《はな》、大葉子《おおばこ》の花《はな》、車前草《しゃぜんそう》の花《はな》、**仲秋**；車前子《おおばこ》、おんばこ

バナナ・・・・・・・・・・・・・・・

道民スポーツ大会に参加する選手たちの結団式の後、ほろ酔いで、バナナを買って帰った。明晩にでも描いてみよう、とつぶやいて、卓に置いて、茶をすすっていたら、子供たちが、私はこれ、私はあれ、といいながら、それぞれの人差し指を向けはじめた。明日なんていってたら、一房みんな消えてゆきますよ、と妻がいう。それで、絵になりそうな二本を房から離して、机に置き換えた。

バナナは、年中、いつでも入手でき、値段も手頃である。糖、灰分（ミネラル）、ヴィタミンなどの栄養価が高く、芳香があって、食べやすい。「くだものの王様」と呼んでもよいほどである。台湾産が多く輸入されているらしいが、フィリピン産や中南米産もしばしば店先に並べられる。

これは、ショウガ目、バショウ科、バショウ属の、大型で、多年生の木質草本である。バショウ（芭蕉）に近縁で、実芭蕉、甘蕉とも書かれる。東南アジアからインドにかけての原産といわれ、きわめて多数の栽培品種があり、今日では、世界の熱帯から亜熱帯に、たいへん広範囲に栽培されている。貿易量が大きく、専用の冷凍船で運ばれるらしい。

バナナは未熟なうちに採り、消費地の倉庫（室《むろ》）で黄熟させると、芳香がでる。栽培品種は、種子なしなので、根分け増殖される。この果実は、液果《えきか》のひとつに分類され、多肉化した内果皮《ないかひ》（胎座《たいざ》、種子のつくところ）が食用になる。ネパールの野生種では、小豆ほどの種子がびっしり詰まり、果肉は少ないらしい。

川を見るバナナの皮は手より落ち　高浜　虚子
観光バス指宿泊りバナナ熟る　山口素人閑

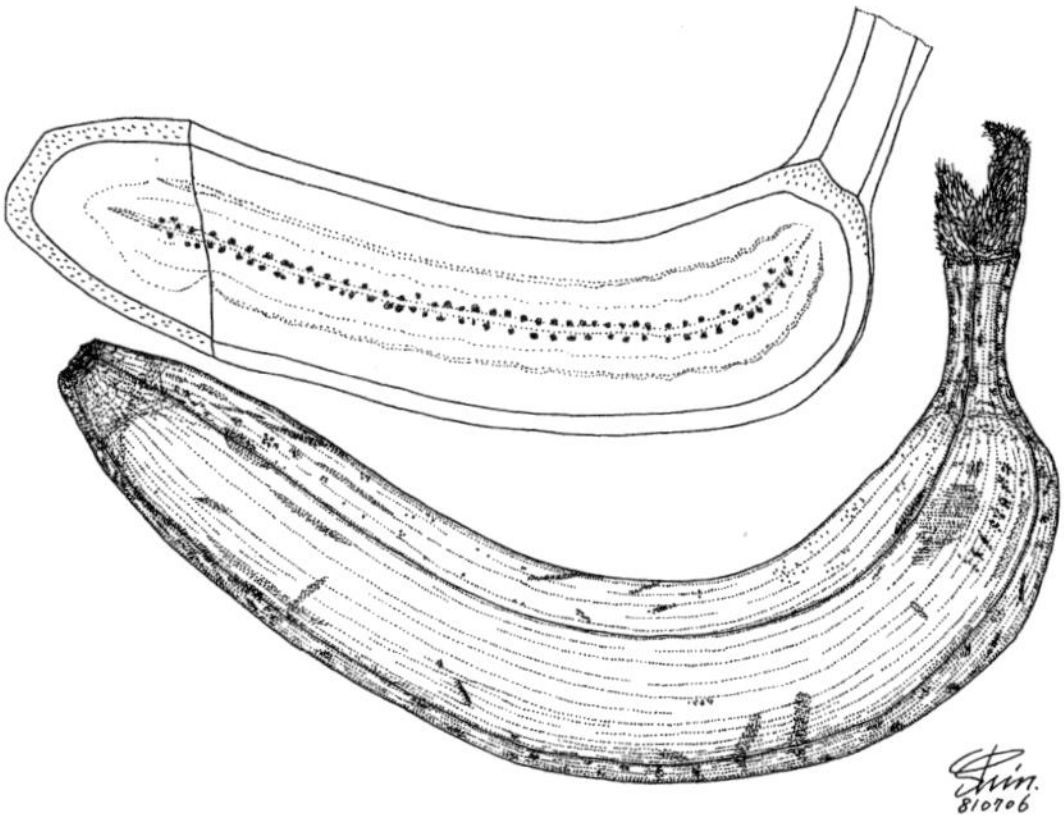

◆学名　*Musa acuminata*
◆科属　バショウ科バショウ属
◆季語　三夏；バナナ、甘蕉《みばしょう》

えんどう2　豌豆・・・・・・・・・・・・・・・

わが家の菜園にも、莢豌豆が目についてきた。春耕の後、最初に播いた野菜のひとつであり、北国の盛夏に、食卓にようやく登場である。

エンドウ（豌豆）は、マメ類のうちで、五指にはいる、代表的なマメであり、マメ科、ソラマメ族、エンドウ属の一種である。この原産地は、ドゥ・カンドル先生によれば、西アジアのコーカサスからイランにかけての地方であり、石器時代から栽培されてきた。そこから中国へ伝えられ、胡豆と呼ばれ、豌豆となり、わが国へもたらされて、エンドウとなった。明治時代になって、ヨーロッパから新しい品種がもたらされ、在来種と交配されて、多くの品種がつくられた。ヨーロッパにかなり古くから、多数の品種があったことは、メンデル牧師の遺伝の実験からも知られる。

マメ類のうちで、エンドウは、耐寒性が大きく、もっとも早く花をつけ、実る。その用途は多く、青刈り飼料は別にしても、未熟な種子（グリーンピース）、完熟種子（シュガーピー）、および未熟果（莢豌豆）の利用である。発芽させて、上胚軸《じょうはいじく》を緑色蔬菜として食べる、エンドウもやしもある。一年生のつる植物であり、暖地では秋播き、北国では春播きなので、季節が大きくずれ、季語としての扱いがなかなかむずかしい。葉は、羽状複葉《うじょうふくよう》であるが、小葉は基部の二〜三対のみであり、先の方が巻きひげに変態し、基につく托葉《たくよう》が大型化した。花は、白色がふつうであり、マメ科に特有の花弁（旗弁《きべん》、翼弁《よくべん》、竜骨弁《りゅうこつべん》）をもち、左右相称であって、蝶形花と呼ばれる。

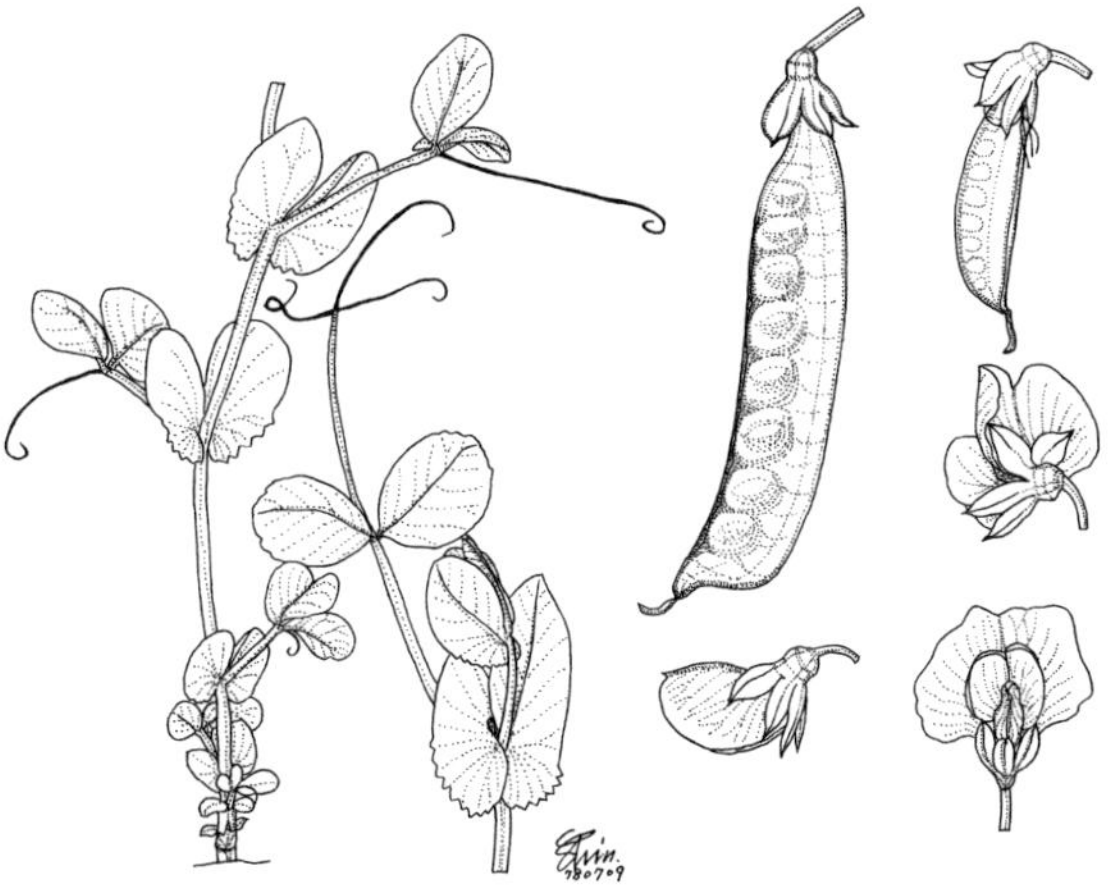

豌豆の煮えつつ真玉なしにけり　日野　草城

雨あしの銀のやさしさ花豌豆　土岐錬太郎

◆**学名**　*Pisum sativum*

◆**科属**　マメ科エンドウ属

◆**季語**　**晩春**；豌豆《えんどう》の花《はな》、**初夏**；豌豆《えんどう》、莢豌豆《さやえんどう》、絹莢《きぬさや》、グリーンピース

どくだみ

蕺

植物調査をしていると、人家近くには、いろいろな栽培植物が、野生化ないし雑草化しているのを見かける。治山調査のとき、小さな沢を下って、古い物置小屋の裏手にでたとき、特異な微香が感じられ、花を見て、ああ、ここにも、と思った。スペード形の葉が重なり合って、花茎が立ち上がり、四枚の花弁状の白い苞《ほう》と、花序軸のまわりに密についた、花弁のない小さな花ばなと、葉をちぎったときの特異な匂いとが特徴の、ドクダミであった。

幼少時に、祖母がドクダミを日陰干しし、やかんで煎じてよく飲まされた。あの独特の味は、いまだに忘れられない。強烈な匂い（どくだみ臭）こそ、薬草の条件である。利尿、排膿、解毒に薬効があり、昔から民間薬として重要なものであった。薬効が高いので、十薬、重薬とも呼ばれ、俳句では十薬が用いられる。毒を矯《た》める、毒を止めるの意味で、ドクダミといわれるが、毒がありあまる、という説もある。

ドクダミは、ドクダミ科、ドクダミ属の多年生草であって、草丈が三〇～五〇センチになり、地下茎で繁殖し、条件がよいと、大きな集団をつくる。花弁のような苞《ほう》は、花粉を媒介する虫を呼び集める役割を演じるが、開花前の花ばなを包んで保護する役割（こっちが本来）も演じる。しかも、花後も宿存する。

生薬では、ジュウサイ（蕺菜）とも呼ばれる。

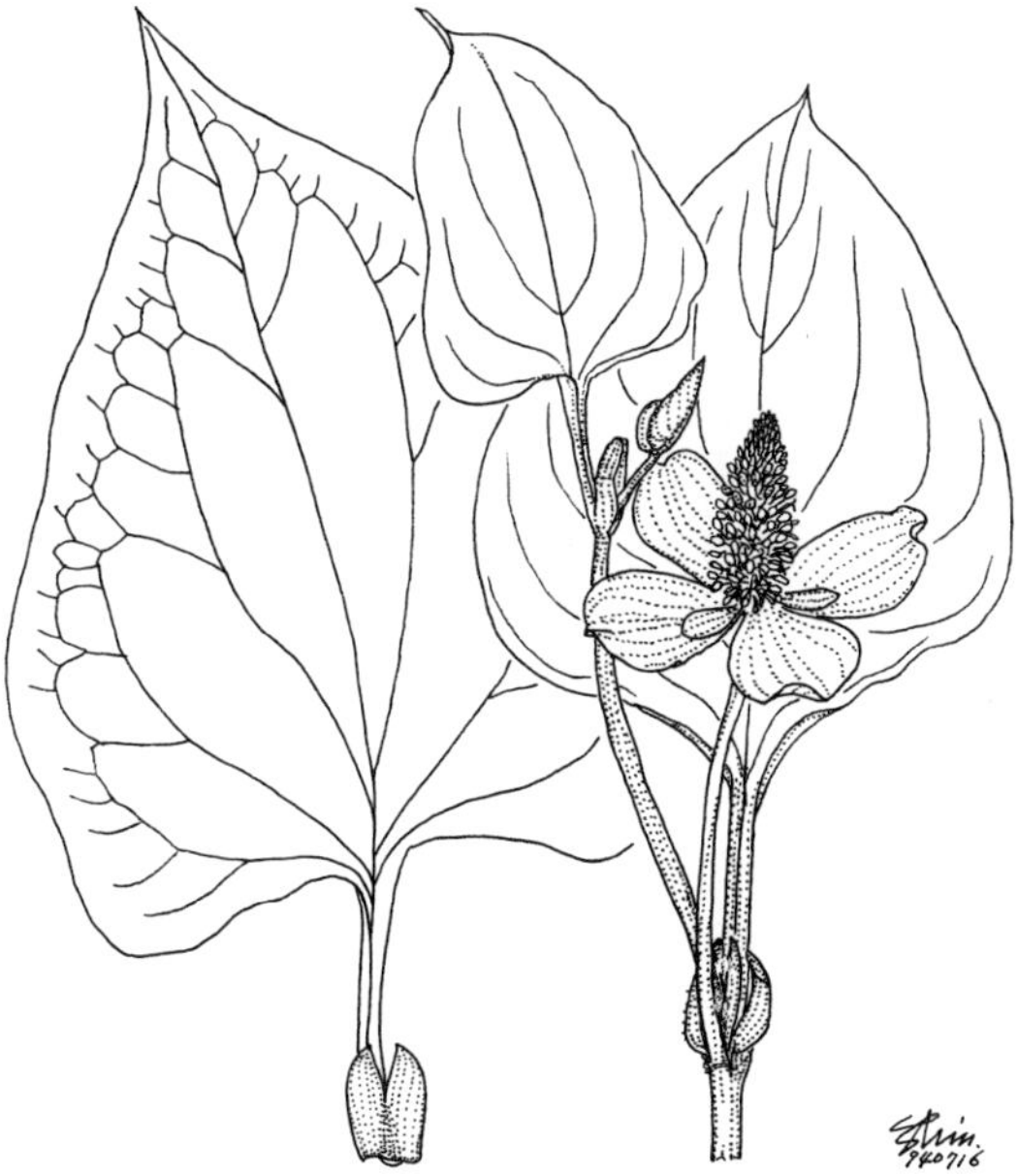

十薬に音なき雨の離農跡　　相川　育洋

どくだみの花めぐらせる廓跡　　山下　洞牛

◆学名　*Houttuynia cordata*
◆科属　ドクダミ科ドクダミ属
◆季語　仲夏；どくだみ、十薬《じゅうやく》

カンパヌラ

新得町に移って二年目の夏は、新得神社山おもしろ調査隊の関係で、少なくても月に二回の、森林植生調べがあり、苦手の草花同定にも努めることになった。この山は、市街地に接し、かつて薪炭林として利用され、桜山が造成され、一部が鎮守の森であり、八十八カ所巡りの参道があり、スキー場もあって、観光道路もつくられている。それで、自然の草花のほかに、いろいろな帰化植物が生育している。

社務所の周辺には、植えられた後に放置されたもの、花壇から逸脱してきたもの、張り芝に混じってきたもの、種子が風散布されたもの、・・・・の種々雑多な異郷土産の草花と、自生の草花が混生している。花が咲いてようやく同定ができる。

草むらに、丈高く、紫青色の、キキョウのような、ホタルブクロのような、大きな花が咲いていた。直立の花序軸であったが、ビニール袋に入れておいたら、輪飾りのようになってしまった。花筒は長く、薄く、先が五裂し、反り返っていた。

これは、キキョウ科、カンパヌラ属（ホタルブクロ属）の一種であり、図鑑によると、カンパヌラ・ラティフォリアであるらしい（和名は不明である）。ヨーロッパ、シベリア、インド（カシミール）に分布し、涼しい半日陰で、やや湿った土壌を好む、ということである。

桔梗や墓に入りて両隣　　岡澤　康司

つかれゐて釣金草に負けにけり　　加藤　青邨

◆**学名**　*Campanula latifolia*
◆**科属**　キキョウ科カンパヌラ属（ホタルブクロ属）
◆**季語**　（つりがねそう）**仲夏**；釣鐘草《つりがねそう》、釣金草《つりがねそう》、風鈴草《ふうりんそう》

トルコギキョウ・・・・・・・・・・・・・・・・

森林生態や治山・砂防を研究していると、植物の種類は、木も草も、北海道に天然分布しているもの（自生種・郷土種）にかぎられていて、少し外来種（異郷土樹種、帰化植物）が加わる程度である。ところが、造園林学という学科では、栽培植物がたいへん多く登場し、野生植物だけに精通していても、学生のニーズに十分な対応ができない。浅くてもよいから、なるべく広く、花卉園芸方面の外来種、栽培品種を知っていなくてはならない。

新しいことは若い人に聴く、という原則から、若手のH講師の研究室をのぞいたり、N事務員の生け花を眺めたりして、図鑑や百科事典を開いている。先日も、滝川市にある道立の花・野菜技術センターに、学校のマイクロバスで、Hゼミに便乗して、見学に行ってきた。はじめてみる花ばながあまりに多くて、驚かされた。

これは、トルコギキョウという名前であるが、リンドウ科、リンドウ連、タキア亜連、エウストマ属（トルコギキョウ属）の一年生ないし二年生の草本であり、キキョウ科ではない。また、トルコとは関係なく、アメリカ南西部からメキシコが原産であり、昭和一〇年代に日本に導入されていた。近年、世界中で愛好され、栽培され、品種改良が盛んであり、花弁数では一重、半八重、八重があり、色では白、桃、濃桃、紅、紫紅、紫、濃紫があり、覆輪二色（花弁の縁が着色）もある。

竜胆に墓洗ふ水澄んでをり　石黒　白萩

追憶の一つに帯の白桔梗　渕田　圭介

◆学名　*Eustoma grandiflorum*
◆科属　リンドウ科エウストマ属（トルコギキョウ属）

むしとりなでしこ　虫取撫子・・・・・・・・・・

公宅の砕石を敷いた玄関先に、濃紫色の、サクラの花形をした、五弁の花が咲きだした。二〇～四〇センチの高さで、茎が直立し、葉とともに白粉状のロウ物質におおわれる。葉は対生し、基部が茎を抱き、卵形から卵状披針形をし、つけね（節）が太くなる。茎頂に散房状の集散《しゅうさん》花序をつけ、多数の花を咲かせる。花には、雌花と雄花がある。

スケッチしてから、名前を調べようと引き抜いたら、茎に粘り液のでた部分（黄褐色）があって、手に粘りついた。あっ、あれであったか、と気づいた。机に置いて、地際から描きだしたら、花に到達したときに花がしおれてきた。二本めを引き抜いて、今度はコップの水に挿した。雄花を上から、雌花を横から拡大して描いた。花の径は一～一・五センチである。羽つきのアブラムシ（アリマキ）が葉にいたので、粘液部分につけてみたら、みごとに捕らえられてしまった。しかし、この程度では食虫植物とはいえそうになく、名前負けと思われる。

これは、ナデシコ科、シレネ属（マンテマ属）の一年生草であり、ヨーロッパ中南部原産である。花壇に植えられたものが野生化して、耐寒性もあり、路傍や空き地に、雑草なみの丈夫さで生育している。和名はムシトリナデシコ（虫取り撫子）であるが、ハエトリナデシコ（蠅取り撫子）、コマチソウ（小町草）の別名もある。英名はキャッチフライ（蠅取り）である。

なでしこや茶道教授の勝手口　　宮坪　勝美

大小の麦わら帽子が草むしる　　紺屋　晋

◆学名　*Silene armeria*

◆科属　ナデシコ科シレネ属（マンテマ属）

◆季語　仲夏；虫取撫子《むしとりなでしこ》、蠅取撫子《はえとりなでしこ》、小町草《こまちそう》

たもぎたけ

茸狩りは秋が本番、と思っていたけれども、初夏から夏のものもあるのだ、と思わされた。同僚のSさんが、裏山から、黄色い、三度笠風の茸のかたまりを採ってきて、数時間、貸してくれた。しからば、スケッチしておきましょう、ということになった。

これは、タモギタケという茸であり、傘が美しい黄色をし、中央部がややくぼみ、肉が白色であって、匂いや味が温和である。そして、茎は、傘の中心か、やや片側について、襞《ひだ》が白く、茎にいちじるしく垂生する。傘の直径は、四～一二センチになる。虫が入っていることが多いから、塩水に漬けておき、虫だしの後に調理した方がよろしい、ということである。六～八月がシーズンであるけれども、おもに、七月に採れる。

タモギタケは、かたまって発生し、収穫量が多くて、うまくて、類似の毒茸がないために、また、食べて香りがよく、歯切れがよいので、わが国では、古くから食用にされてきた。明日にでも、私も野生のものを採ってきて、スーパーものと味比べしてみたい。

これは、別名をタモキノコ、ニレタケ（楡茸）と呼ばれるように、ハルニレ（アカダモ）の倒木に、大きな株となって生える。スーパー店には、栽培品がパック詰めで売られている。シメジ科、ヒラタケ属に属していて、ヒラタケとそっくりであるけれども、傘の色が鮮やかなレモン色から淡黄色なので、見分けやすい。

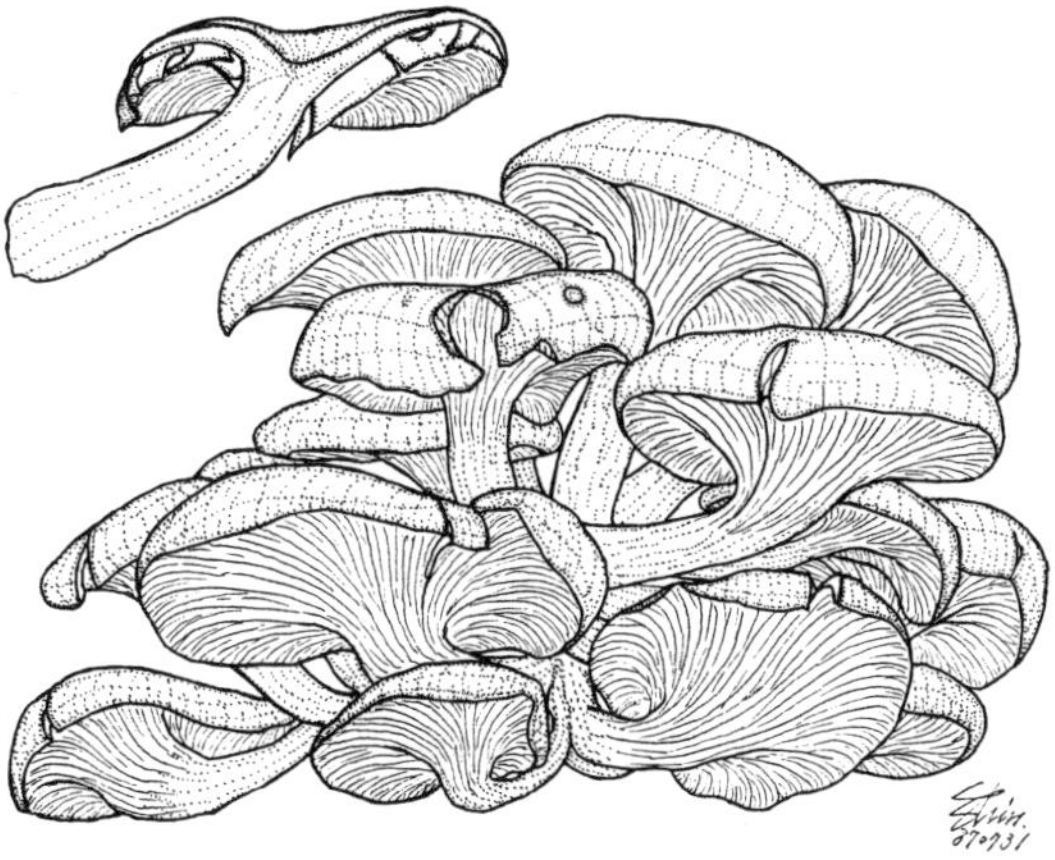

茸狩の尾根みちへ出て戻るなり　高浜　年尾

朝霧の森から出づる茸採り　紺屋　晋

◆学名　*Pleurotus cornucopiae*
◆科属　シメジ科ヒラタケ属

なす　茄子

ナスは、ずいぶん昔から栽培されてきた、身近な野菜（蔬菜）のひとつであり、インド原産であって、ヴァルタという、サンスクリット名をもっていた。中国では、すでに五世紀ごろには栽培されていて、茄子ないし崑崙瓜と呼ばれ、インドないしチベットから、仏教の僧がもたらしたらしい。

わが国では、ずいぶん古くから、やはり、仏教とともに導入されたのか、一〇世紀のはじめころ、醍醐天皇の時代には栽培されていた。ただし、現在、原産地にも、野生のナスは見出されない、と言われる。

これは、ナス科、ナス属の一年生草であり、古くから身近にあったので、ナス科植物の代表名となった。この科の植物には、古くから、薬用や食用などに利用されてきた種が、数多くある。たとえば、ナス、トマト、ジャガイモ、トウガラシ、チョウセンアサガオ、ホオズキ、ペチュニア、タバコ、クコなどである。いずれも、外国産であり、わが国に自生のものではない。

ナスは、紫色の花をつけ、先細りの、やや細長い果実（液果《えきか》）をつける。ただし、栽培品種が多くつくりだされて、球形のもの（丸茄子）さえある。これは、煮たり、焼いたり、炒めたり、漬け物にしても食べられる。古釘を入れた漬け物の藍色は、すばらしく美しい色であり、生の黒紫色と甲乙がつけがたい。秋茄子は嫁に食わすな、と言われるほどで、炭火で焼いた味もすばらしい。

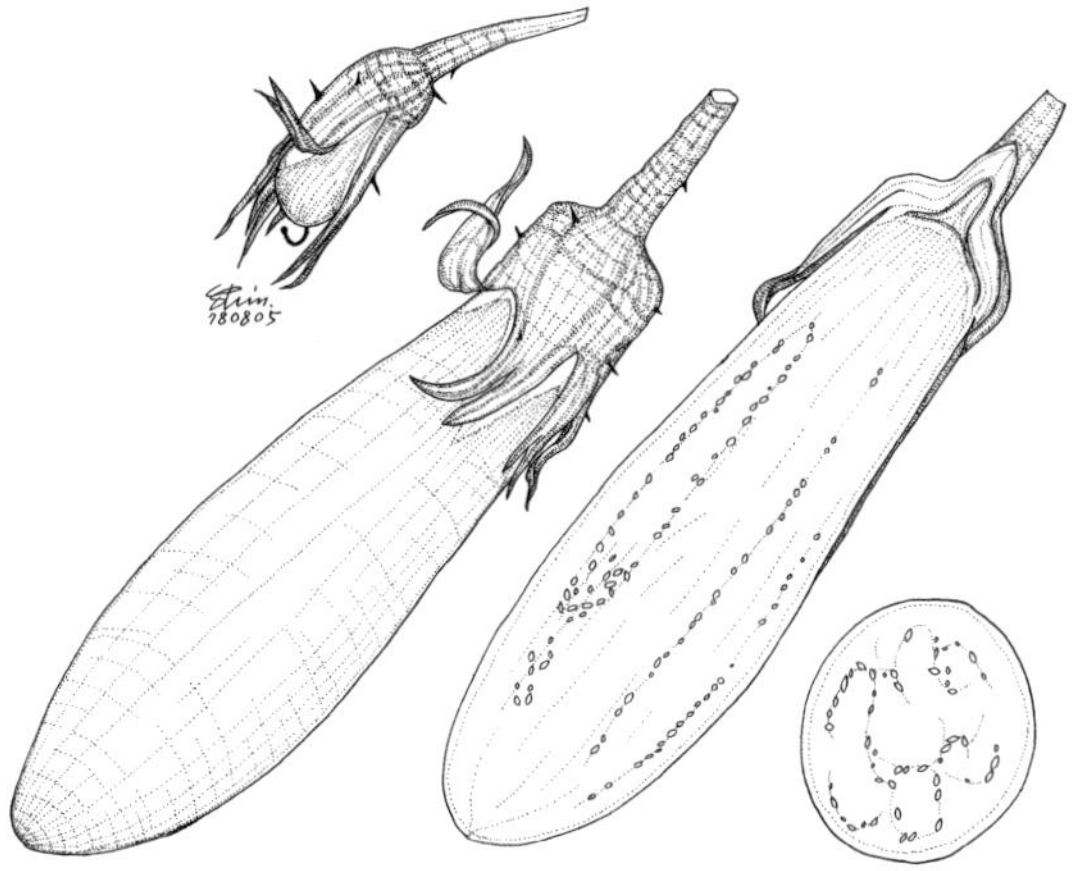

茄子もぐや日を照りかへす櫛のみね　杉田　久女

立てし竹皆外れをり秋茄子　加倉井秋を

◆**学名**　*Solanum melongena*

◆**科属**　ナス科ナス属

◆**季語**　**初夏**；茄子苗《なすなえ》。**晩夏**；茄子《なす》、なすび、初茄子《はつなす》、茄子漬《なすづけ》、茄子汁《なすじる》、焼茄子《やきなす》、鴫茄子《かもなす》、折戸茄子《おりどなす》、山茄子《やまなす》、蔕紫《へたむらさき》、捥茄子《もぎなす》、長茄子《ながなす》、丸茄子《まるなす》、巾着茄子《きんちゃくなす》、白茄子《しろなす》。**三夏**；茄子《なす》の花《はな》。**晩秋**；種茄子《たねなす》。**三秋**；秋茄子《あきなす》、秋《あき》なすび、名残茄子《なごりなす》

トマト

初夏に、冷涼な日々が多かったせいらしく、今年のわが家の菜園では、夏休みに入っても、八月になっても、トマトがなかなか熟してこない。苗を買い、水も肥料もやり、草取りをしたが、こうなると、買ったほうが安価であった。もともと、家庭菜園は、国家的な経済から見て、かなり割高なのである。だが、育てる楽しみ、新鮮さを食べる楽しみ、農薬汚染の少ない安心さ、などから、一家族単位で見れば、不経済とは言い切れないであろう。

トマトは、アメリカ大陸のメキシコからアンデス山脈までの原産であり、古くから現地のインディオたちによって栽培されてきた。新大陸が発見され（ヨーロッパ人に認められ）てから、トマトは一六世紀にヨーロッパに導入され、それ以来、なくてはならない果菜のひとつとなった。日本には、一七世紀にもたらされ、はじめは観賞用であったらしい。食用のための栽培は、明治時代になってからである。

これは、ナス科の植物であるが、ナスとちがって、扁球形の果実（液果《えきか》）をつける。歌のように、はじめは緑色をし、熟すと赤い色（紅、桃ないし橙色）になる。それで、アカナス（赤茄子）という別名もある。横に切ってみると、水分に富み、五つほどの小部屋があり、たくさんの種子が入っている。これは、生食がふつうであるが、ケチャップ、ジュースにも加工される。生食用とケチャップ用の品種があり、後者は小型で、よく赤熟する。私は、生食のとき、よく熟れたものより、やや青みの残るもののほうが好きである。

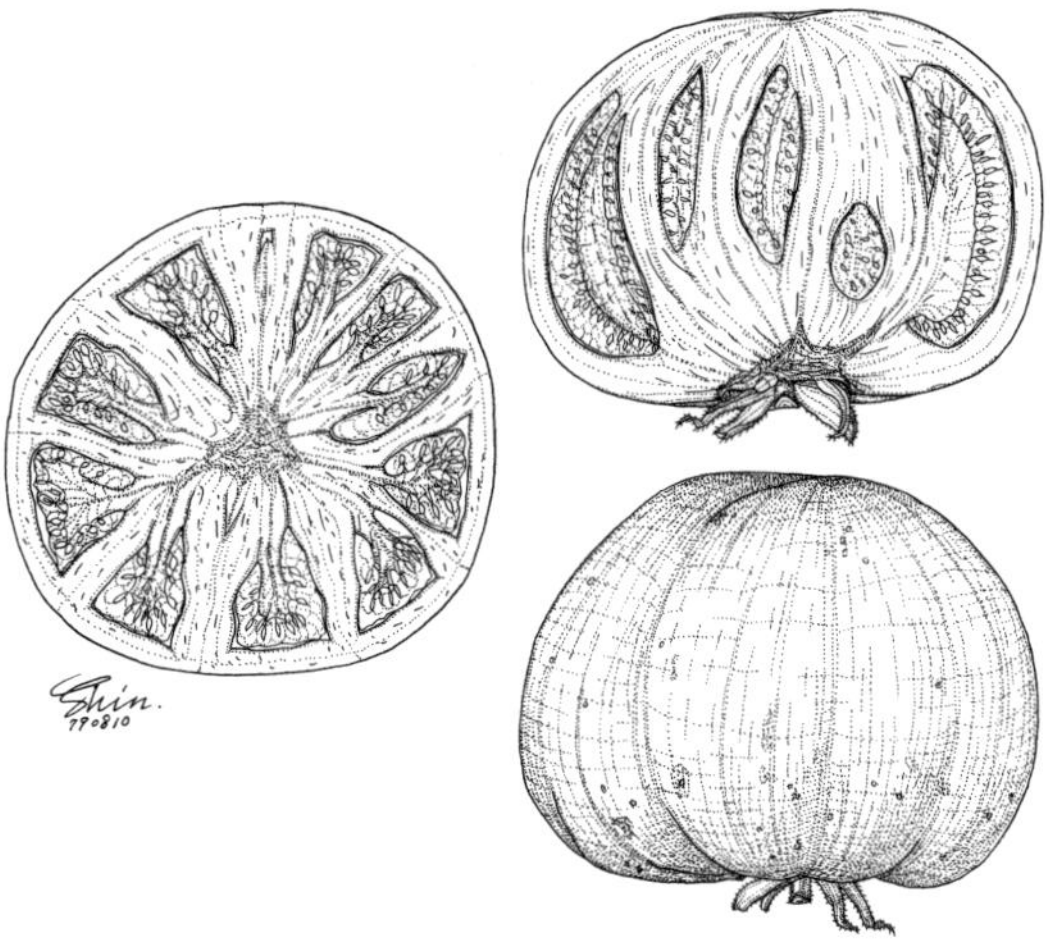

虹たつやとりどり熟れしトマト畑　石田　波郷

トマトもぐ手を濡らしたりひた濡らす　篠田悌二郎

◆学名　*Lycopersicon esculentum*
◆科属　ナス科トマト属
◆季語　**晩夏**；トマト、蕃茄《ばんか》、赤茄子《あかなす》

おにゆり　鬼百合

道沿いの狭く長い花畑に、昨秋、ユリの鱗茎《りんけい》を埋めておいた。この春、勢いよく若葉を展開しながら、茎が立ち上がってきたが、途中から伸び足が鈍り、丈低いままに蕾がついた。粘土の新地に加え、思わぬ冷夏のために、丈が高くなれなかったのであろう。

開くまでは、と待ちに待って、ようやく第一花が咲いた。そして、きょう、第二花も咲いた。たくさんの蕾が橙色になってきたから、二〜三日中には鬼百合灯籠が一線に並ぶことになるであろう。花の背丈は、ようやく五〇〜七〇センチである。転居して、満一年である。来年の今ごろには、ずっと丈高い灯籠にしたいものだ。そのためにも、この秋には、土つくりを心しなければならない。殖えすぎて、百合根を食べられるようになるのは、数年先のことであろう。

オニユリ（鬼百合）は、花が咲いても、種子が実ることはまれであり、増殖は鱗茎そのもの、鱗茎の鱗片、あるいは珠芽《しゅが》（むかご）に頼っている。人が愛でる花には、実らないものが多くあるが、不稔《ふねん》にされた花は、花としての機能を失ったのであって、否、奪われたのであって、哀れを感じる。オニユリは、庭に植えられ、畑に栽培され、人里近くの草地に見られるなど、真の野生（自生）植物であるとは考えられず、古い時代に中国からもたらされたのではないか、という疑いがある。どうやら、史前帰化植物であるらしい。

ランチタイム鬼百合の蘂落ちんとす　石田　波郷

百合の蘂みなりんりんとふるひけり　川端　茅舎

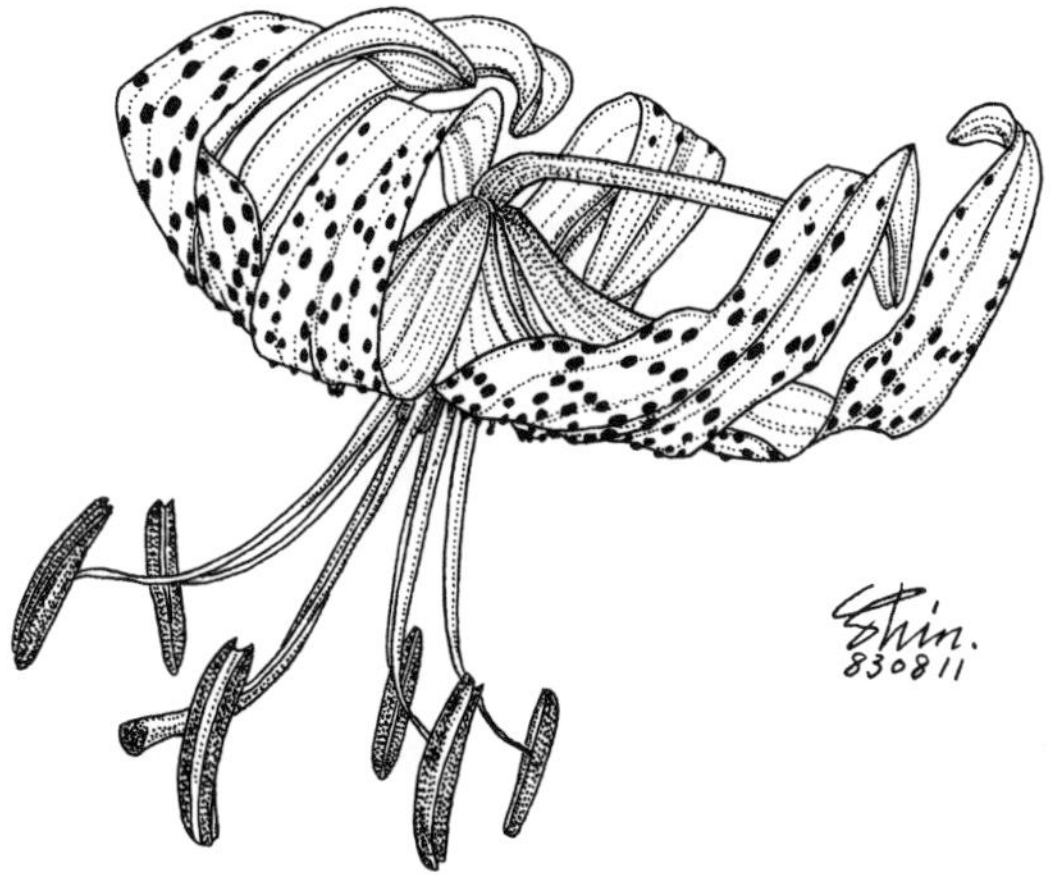

◆学名　*Lilium lancifolium*
◆科属　ユリ科ユリ属
◆季語　初夏；百合《ゆり》、鬼百合《おにゆり》

かのこゆり　鹿子百合

炎暑が続いた。昨年の冷夏の記憶があるから、この夏は異常な暑さに思える。よくぞオリンピック、よくぞ甲子園、と声援しながら、自らも職場の昼休みに、体力維持に走っている。野菜にはともかく、庭木には水をやらなくても大丈夫だ、と家族に言い、節水してきたが、さすがにそうも言っておれない乾燥続きである。小菜園のトマトはうまいし、生ゴミを埋めた場所からでた、野良生えカボチャが勢いよい。

二〜三年前に、大きな鱗茎《りんけい》を埋めたおいた地面から、今年も、カノコユリが顔をだし、ぐんぐん伸びて、咲きだした。白地にピンク染め、紅の斑点をつけて、隣のオニユリの咲き終わりを引き継いでいる。鹿子百合の名前は、斑点の模様を、鹿の子絞りに見立てて名づけられた、と言われる。ユリの花は、ふつう、いずれも、多少とも斑点があるが、カノコユリがもっともあでやかなためであろう。花の中央部では、斑点が花弁から飛び出してさえいる。百合園で、まさに女王的な美しさである。

これは、栽培植物のようであるが、なんと、九州や四国の崖地に自生している。ただし、まれだそうである。だから、野生のものしか載せない植物図鑑にも、ユリ科、ユリ属の一種として、登場してくる。今日のカノコユリは、栽培されて、多くの品種がつくられ、野生のものよりずーっと豪華になっている。そして、この野生種をもとに、新しい園芸品種のカバーガール、ブラックビューティー、ほかが、世界中で、次つぎにつくりだされてきた。

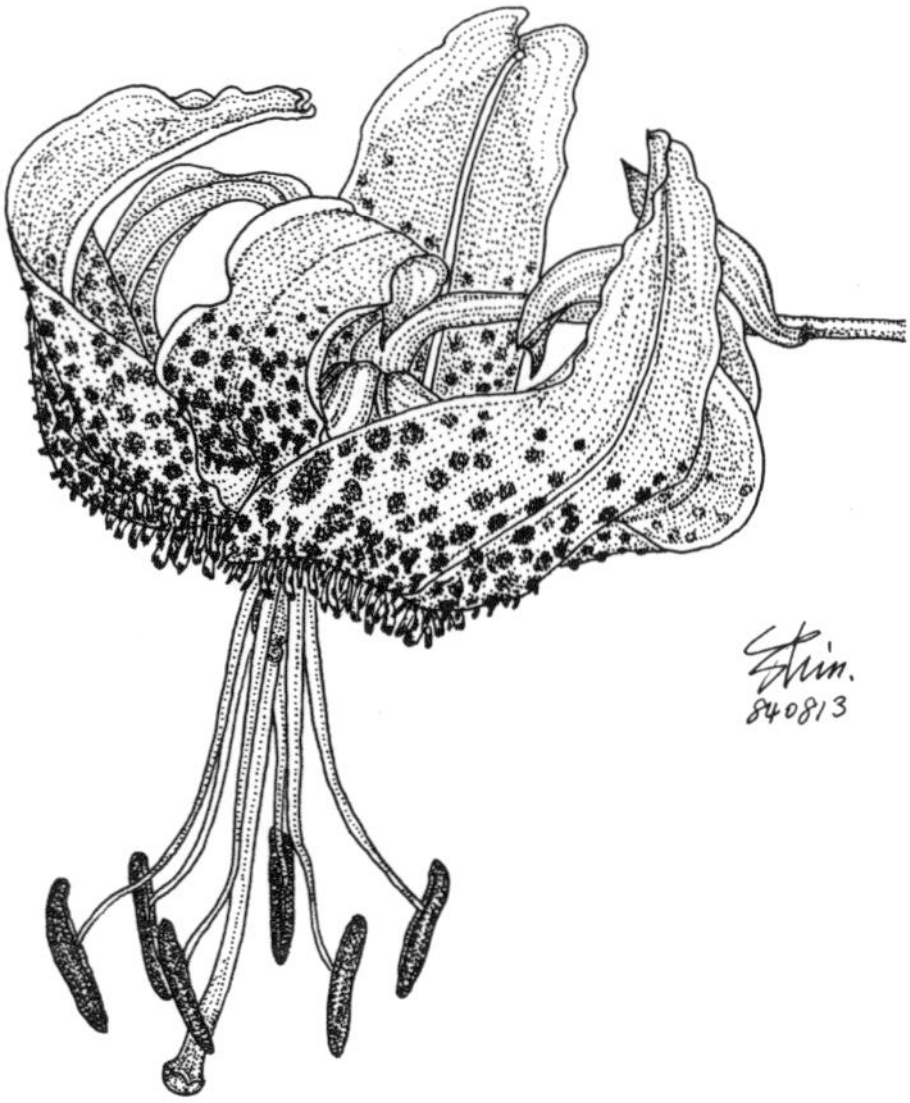

百合の香や人待つ門の薄月夜　永井　荷風

百合の香にむせて一人の時愛す　坂田　文子

◆学名　*Lilium speciosum*

◆科属　ユリ科ユリ属

◆季語　初夏；百合《ゆり》、鹿子百合《かのこゆり》

ねじばな　捩花

お盆に、団地の道路沿いのうち、地先の部分を草刈りしたら、ネジバナ（捩花）が三本、鎌の先にでていた。刈り残しておいて、作業が終わってから、一本だけ採取し、スケッチした。

これを描いてみて、捩れのようすがあまり適切でないことに気づいたが、そのまま描ききった。長い花茎に、小さい、多数の花が、らせん状に着生し、花被片《かひへん》が淡紅色であって、ほとんど開かないが、これでも、さすがにランの仲間だけのことはあって、白い唇弁が突きだしていた。

ネジバナは、捩れ花であり、花がらせん状につくから名づけられた。もう一つの名前はモジズリであり、捩摺りと書かれる。摺り絹の一種である忍摺り（信夫摺り）は、陸奥国信夫郡（福島県）から産出したもので、忍草（シノブ、ノキシノブなどのシダ植物）の色素を捩摺りしたものであるが、これと混同して、シノブモジズリ（忍ぶ捩摺）とも呼ばれ、歌にも詠まれた。

これは、ラン科、ネジバナ属（スピランテス属）の、一〇〇種以上もある地生ランの一種であり、アジアからオーストラリアまで広く分布し、日当たりのよい草地に生育する。根は肥厚し、数個の根出葉をつける。葉は線形をし、長さが五～二〇センチであるが、単子葉植物とは知れても、花がないと、なんだかわからない、ランとは思えない、たいへん地味な野草である。

ねぢ花をゆかしと思へ峡燕　角川源義

奥多摩や微風に揺るるねぢれ花　森　富枝

◆学名　*Spiranthes sinensis*
◆科属　ラン科ネジバナ属（スピランテス属）
◆季語　初夏；捩花《ねじばな》、文字摺《もじずり》草、もじばな

きゅうり　胡瓜

わが家の菜園には、トマト、ナス、トウガラシ、ピーマン、インゲンマメ、キュウリ、などが見られる。これらのうち、熟果を食べるトマトは、この年の冷夏の影響が大きく、赤熟しない。これに比して、キュウリは、熟せば黄色になり、いちじるしく太くなるが、未熟果のうちが食べごろであるから、少しくらいの冷夏なら平気であるようだ。第一陣の品種は、節成系のものらしいが、日に日に伸張し、垂下して、食べ余していた。これらは、八月上旬になると、曲がり、へぼ、やに吹き品が大半になった。そして、中旬になって、大胡瓜系のものらしいが、第二陣が盛んにできはじめた。

キュウリは、ウリ科、キュウリ属の、つる性一年生草であり、節から葉、巻きひげ、花をだし、巻きひげでものによじ登る。インド北部の原産と言われ、三〇〇〇年前から栽培されてきた。日本へも、古くからもたらされ、多くの品種、系統がつくられてきた。中国では、西域の異民族からもたらされたので、胡瓜と書く。また、黄色に熟するので、黄瓜とも書く。日本式に読めば、どちらもキウリとなる。河童の好物だから、カッパと呼ぶ、という説もあるらしいが、これは英名のキュウカンバーに由来するようである。

これは、漬け物、サラダ、ほかの生食に向いている。今日では、一年中つくられているが、温室ものは果皮が固く（輸送向き）、甘みに乏しい、と感じられる。私には、露地で、わら敷きで栽培する、這いキュウリがもっともうまい。

胡瓜もみ蛙のにほひしてあはれ　川端　茅舎

胡瓜もぐわが禿カッパめきをらむ　石黒　白萩

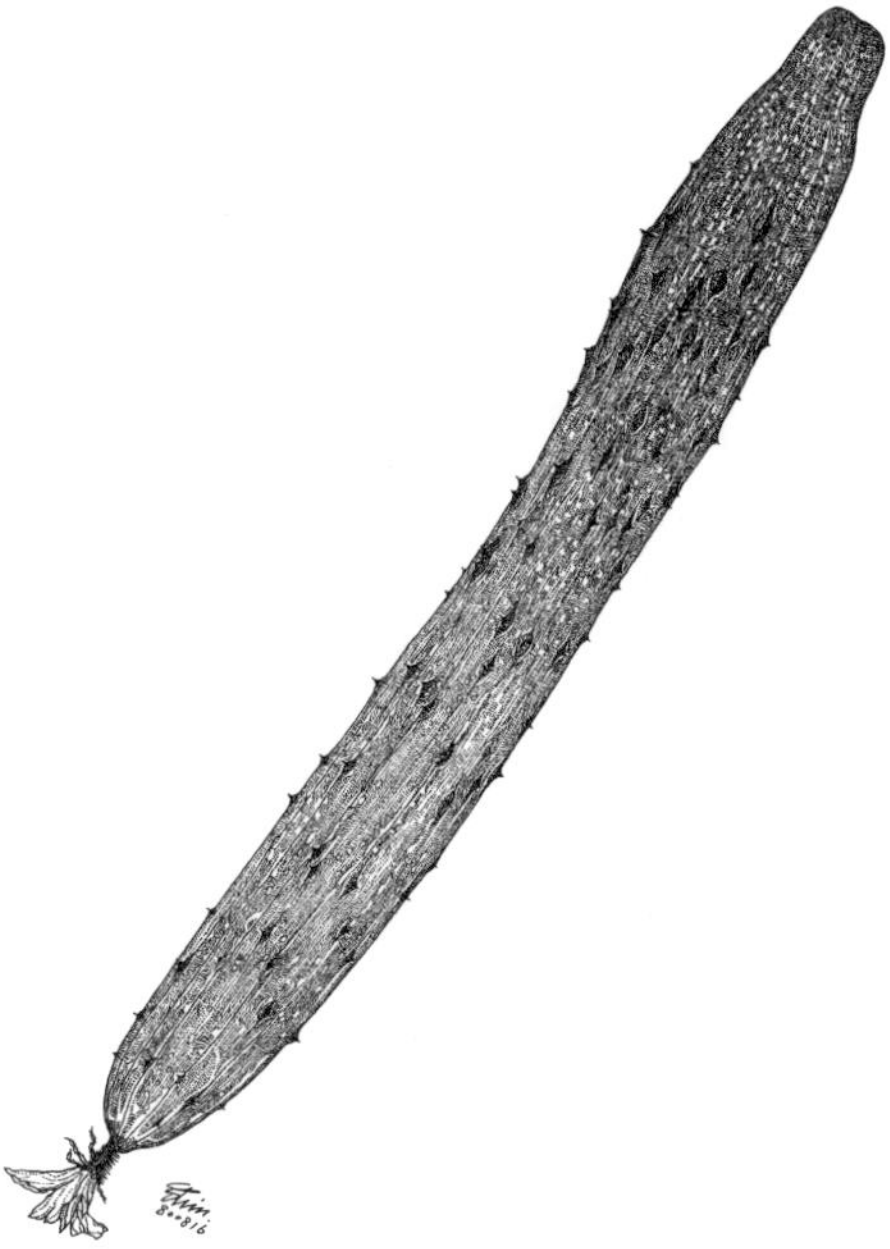

◆学名　*Cucumis sativus*

◆科属　ウリ科キュウリ属

◆季語　初夏；胡瓜苗《きゅうりなえ》、胡瓜《きゅうり》の花《はな》、花胡瓜《はなきゅうり》、瓜《うり》の花《はな》。晩夏；瓜《うり》。三夏；胡瓜《きゅうり》

はるにれ　春楡

肥沃な川沿いの場所に、大きく堂々たる樹冠、樹幹をつくる樹木の一つに、ハルニレ（春楡）がある。ニレ類では、ハルニレおよびオヒョウが、北国に自生する。ハルニレは、普通、単にニレと呼ばれ、木材利用ではアカダモとなり、洒落た人からはエルムとも呼ばれる。その壮大な緑冠から、また、エルムの学園のイメージから、季語は夏のようであるが、樹木学の立場からなら、早春か初夏が、この樹種の特徴があらわれる季節なのである。

北国の春は遅いが、四月半ばになると、ハルニレの枝先の冬芽のうち、球状のものが、目立たない花を開く。目立たないのは当然であって、花弁がない。一つの蕾（花芽）に多数の花が入っていて、暗褐色の芽鱗《がりん》と、無数の雄ずいしか見えない。風媒花《ふうばいか》ゆえに、邪魔な葉がでる前に、受粉してしまう。五月半ばになって人びとが、開葉？　と思って樹冠を見上げると、緑色は葉でなく、果実である。ハルニレの果実は、卵形をし、オヒョウのそれは広卵形をしている。この果実は、円盤型であるが、翼果《よくか》と呼ばれ、やや褐色味がはいるころに、風に飛散する。このころ、ようやく、本来の葉が広がってくる。

翼果では、着地すると、すぐに発芽し、その年のうちに、一〇センチくらい伸長する。種子は中央部におさまっていて、ほとんどが休眠性をもたない。だが、タネ播きしてみると、ヤナギ類とちがって、休眠し、翌春に発芽するものもある。

中国では、ニレの翼果を、楡銭とか青銭と呼び、さかんに詩歌にうたわれてきた。

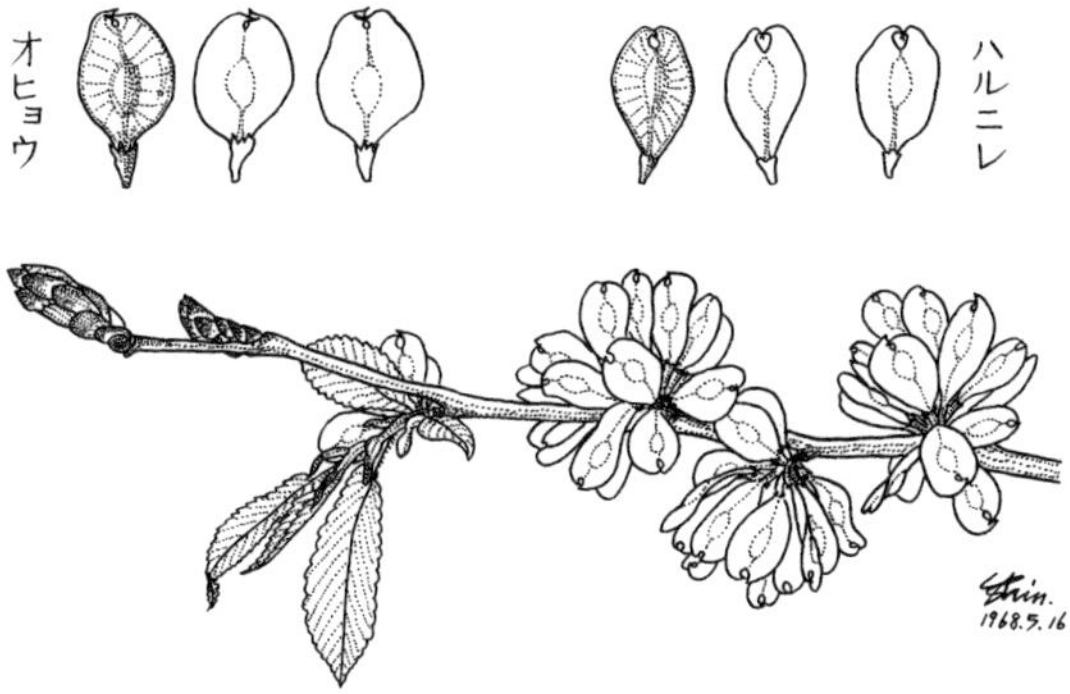

楡若葉窓いっぱいに検診す　坂田　文子

楡銭散って十日ばかりの双葉かな　紺屋　晋

◆**学名**　*Ulmus davidiana* var. *japonica*
◆**科属**　ニレ科ニレ属
◆**季語**　（にれ）**仲春**；楡《にれ》の芽《め》。**初夏**；楡《にれ》のたね、楡銭《にれせん》

ゆすらうめ　山桜桃

「林業技術相談」のお客さんは、いつも、突然に、やってくる。相談の大半は、庭木の名前、殖やし方、病虫害の防除、などである。ある日、花束をもって、網走市のTさんがみえた。昔、足寄町の園芸店から買った低木であり、名前を知りたい、とのことであった。

それは、五分咲きであって、野生のサクラ類ではなく、栽培されているユスラウメ類——ユスラウメ、ニワウメ、ニワザクラ——であることは、わかった。けれども、即答できずに、図鑑や分類学書に相談した。それでも、ぴったり該当するものがなかった。そこで、T君と相談し、植木園を見たり、美唄市内の庭木を尋ねたりして、毛、花柄《かへい》の長さ、葉身《ようしん》などの特徴から、ようやく同定できた。Tさんには、手紙を書いた、そして、せっかくだから、ということで、ペン画にした。恥を掻いて、描いて覚えた、第何号目かであった。

赤い果実がなって、家庭果樹として、どこの屋敷にも植えられていて、隣家の果実まで食べにいった、少年時代を想い出した。味をなんとなく覚えているけれども、花の記憶がまったくない。ユスラウメは、故郷・伊勢原の、遠い思い出を、蘇らせてくれた。

これは、バラ科、サクラ属、サクラ亜属、ユスラウメ節の低木であり、高さが二～三メートルになる。中国（北部）原産であり、耐寒性に富み、江戸時代の初期に、わが国へ導入されたらしい。中国名は、毛桃桜である。わが国では、山桜桃、梅桃、朱桜の漢字を当てている。季語は、花が晩春であり、果実が仲夏である。

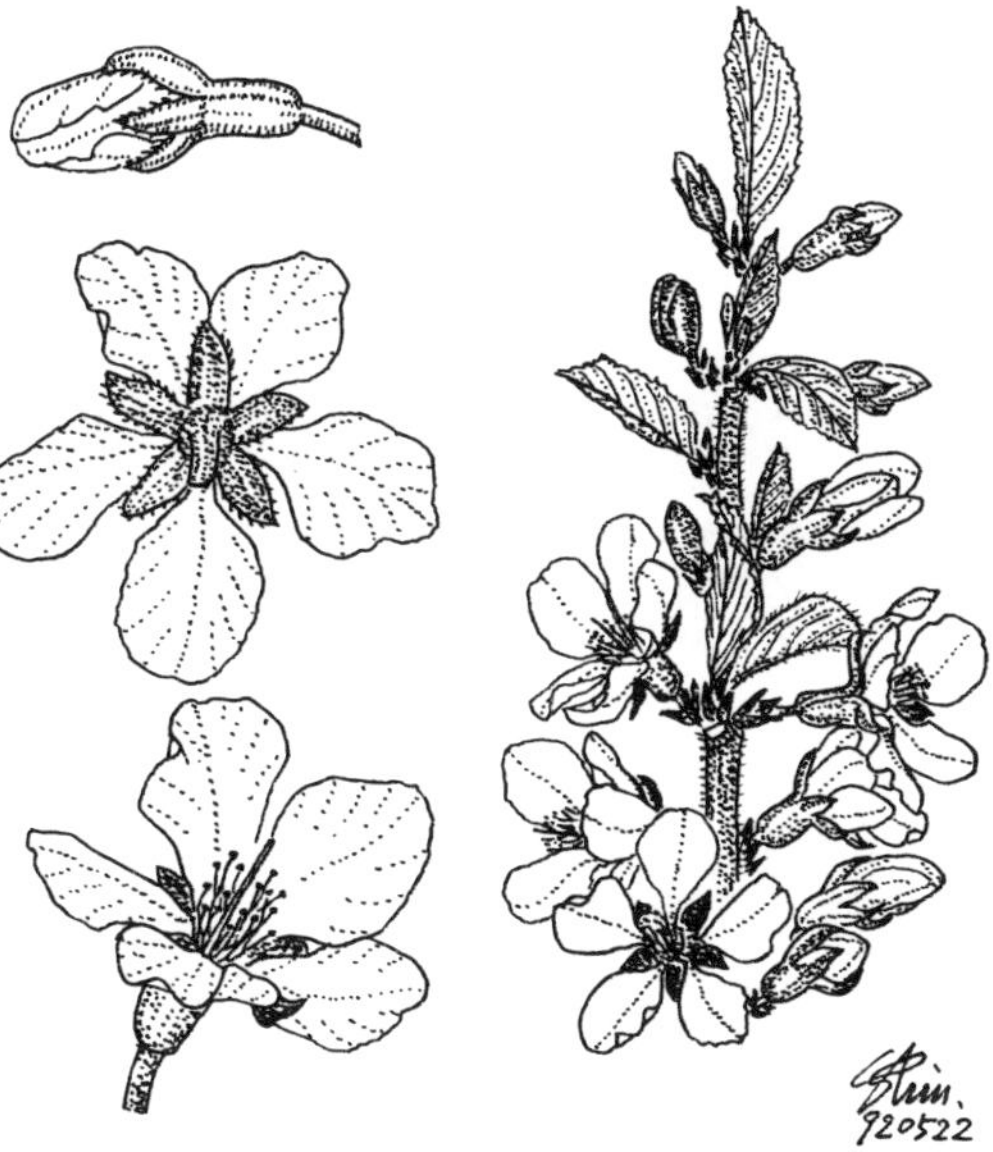

田舎の子の小さき口やゆすらうめ　中村草田男

ゆすらうめ少年たねを飛ばしをり　紺屋　晋

◆学名　*Prunus tomentosa*
◆科属　バラ科サクラ属
◆季語　晩春；山桜桃《ゆすら》の花《はな》、梅桃《ゆすらうめ》、ゆすら、英桃《ゆすら》。
仲夏；山桜桃《ゆすら》

どうだんつつじ　満天星躑躅…………

新しい職場の前庭に、四階のわが研究室の真下に近い位置にであるが、ドウダンツツジが植えられていて、多数の白く小さい壺状の花を垂れ下げている。学生たちとゼミ対抗のソフトボールゲームを楽しんだ後、コンパまでに間があったので、一枝を失敬して、スケッチした。しばらくぶりのペン画であり、しばらくぶりにキャッチボールとバッティングの直後で、ペンが震えてしまった。この花は、花びらが癒合して、丸みのある稜がある、壺状の花冠《かかん》をなし、先が狭まって、先端が浅く五裂している。花数は、一花序あたり数個で、散形についている。

これは、ツツジ科、ドウダンツツジ属の落葉低木であり、四国の蛇紋岩地帯に自生し、高さが一～三メートルになり、単幹の場合もあるが、ふつう数本の幹が叢生する。各地に植えられ、枝挿しの増殖も容易である。これは、一列に植えられ、刈り込まれ、低めの生垣につくられる。ただし、花芽が枝先につくので、刈り込まれると、花を楽しめない。晩春のかわいい白花もよいが、秋の燃えるような紅葉が、たいへん美しい。これを、どうだんもみじといい、満天星紅葉と書くらしい。

近縁のサラサドウダンは、北海道や本州に自生し、花びらが広めの吊り鐘状で、先が五裂し、その細かい脈に美しい紅色がつく。高さが四～五メートルになり、ドウダンツツジよりも大型で、耐寒性にも富む。

雲ひくし満天星に雨よ細く降れ　　水原秋桜子

つつじちり土の寂しさふかまりぬ　　土岐錬太郎

◆**学名**　*Enkianthus perulatus*

◆**科属**　ツツジ科ドウダンツツジ属

◆**季語**　**晩春**；満天星《どうだん》の花《はな》、満天星《どうだん》躑躅《つつじ》。**晩秋**；満天星《どうだん》紅葉《もみじ》

えぞのこりんご　蝦夷小林檎・・・・・・・・・・・・・・

エゾヤマザクラ、エゾムラサキツツジ、キタコブシ、シラカンバ、スモモなどの春の花ばなが、咲き終わった。すると、たちまち、初夏の花ばなが咲きだした。フジ、レンゲツツジ、サラサドウダン、リンゴ、ハスカップ、ヤマブキ、・・・。渡道して、二〇余年経つけれども、いまだに、この忙しい花暦には、ついてゆけないでいる。

北海道には、リンゴの仲間が、二種だけ、自生している。ズミ（コリンゴ）と、エゾノコリンゴ（サンナシ、ヒロハオオズミ）とである。両種とも、低木（から小高木）であり、その名のとおり、よく似ていて、専門家でもまちがいやすい。事実、この私がまちがえたままで、花をスケッチしていたのであるから。

エゾノコリンゴの花は、大きめで、五枚の白い花弁をもち、直径が四センチほどあり、多数が集まって、枝すべて花というように咲く。風に乗った香りもよい。花瓶に挿したら、散りやすい。さっと咲いて、さっと散る。サクラと似ている。落下した花弁が散り敷いた地面は、一日くらい真っ白であった。そして、枝には、すでにたくさんの小さな青い果実がついていた。この年も豊作であるように。

エゾノコリンゴ（蝦夷小林檎）は、バラ科、リンゴ属の野生種であり、北海道では、海岸から平野、丘陵、山麓にまで、日当たりのよい場所に生育していて、花も果実も美しい。タネは、鳥に運ばれる。これを、道路の修景緑化や生垣に、用いたいものである。

飛びならう雀の仔をり花りんご
三本　みよ

りんご咲き夕闇明日をふくらます
長山　遠志

◆学名　*Malus baccata* var. *mandshurica*
◆科属　バラ科リンゴ属

ふじ　藤

藤棚をつくって、三年目に、多数の花房が垂れ下がった。その秋に、丸太の棚から、鉄パイプの棚につくりかえた。そして、この年も、かた雪のときに剪定《せんてい》して、いよいよ花どきを迎えた。期待に違わず、みごとな花房が、数多く垂れ下がり、妻がカメラをもちだすほどであった。家紋の藤を丹精す、と詠みたいところである。

ひとつの花房（花序）には、五〇～一〇〇個ほどの蕾がつき、次つぎと花が咲いてゆく。上（基部）から下（上端）へ、およそ二週間くらいかけて、マメ類と同じ蝶形花を咲かせる。ニセアカシア、エゾヤマハギ、エンドウなどと同じく、旗弁《きべん》、翼弁《よくべん》、竜骨弁《りゅうこつべん》をもち、左右相称である。藤色という、薄紫色がふつうである。

フジは、かなり耐寒性があるので、北海道の修景緑化に用いることが可能である。たとえば、落石防止金網工、境界フェンス、雪崩防止柵、ガードレール、などなどに絡ませるのである。

近い将来に、幅が一メートル、長さが一〇メートル、高さが二メートルの、藤棚いっぱいに、花房が垂れ下がれば、わが家のフジも、「峰延の藤」と呼ばれるようになるかもしれない。

フジは、マメ科、フジ属のつる性木本であり、ほかの木々の幹や枝に、右巻きに絡みつき、つるは直径が二〇（～四〇）センチになる。林木には、害がある。本州、四国、九州の山地に自生している。北海道には、庭木、公園樹として、導入された。そして、すでに、各地に、名木級のものがある。

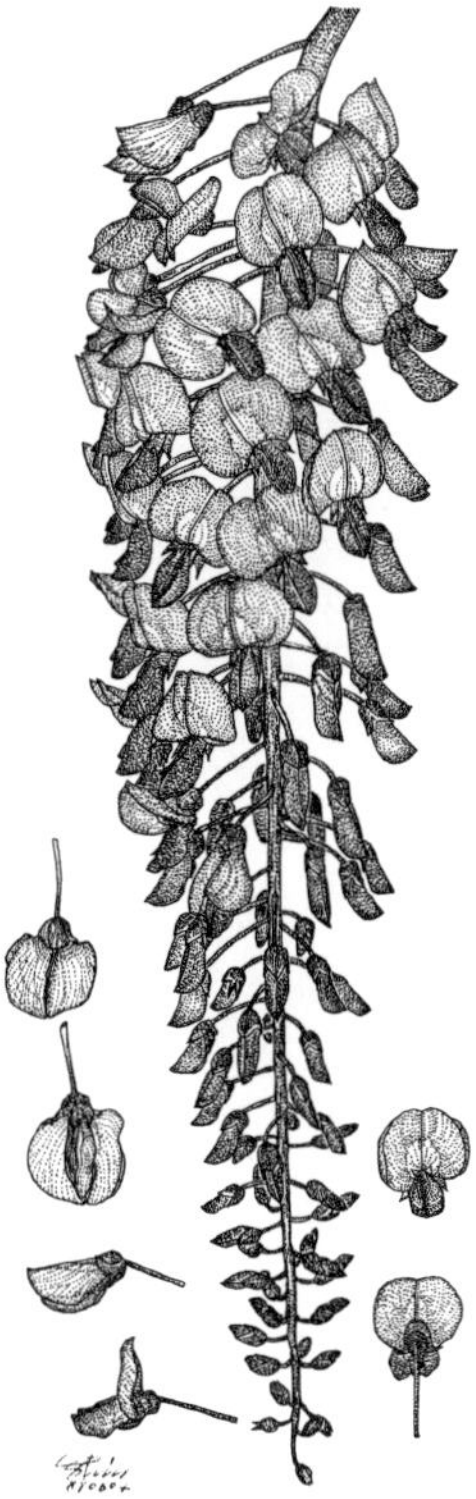

草臥れて宿かる比や藤の花　　松尾　芭蕉

藤の実は俳諧にせん花の跡　　同

◆学名　*Wisteria floribunda*

◆科属　マメ科フジ属

◆季語　晩春；藤《ふじ》、藤棚《ふじだな》、藤房《ふじふさ》、藤《ふじ》の花《はな》、山藤《ふじ》、野《の》藤《ふじ》、白藤《しらふじ》、藤波《ふじなみ》、野《の》田《だ》藤《ふじ》、白花藤《しろばなふじ》、赤花藤《あかばなふじ》、八《や》重《え》藤《ふじ》、南蛮藤《なんばんふじ》。晩秋；藤《ふじ》の実《み》

ハスカップ

一村一品運動が、全国的に、ブームとなっている。アマチャヅル、ヤドリギ、エゾウコギ、ノブドウのような薬用、筍、ギョウジャニンニク、ウド、モミジガサ（シドケ）のような山菜、ハスカップ、カリンズ（アカスグリ、フサスグリ）、グーズベリー、キイチゴのような小果実類（ジャム用）、………。

わが道立林試のグリーンダイヤル（林業技術相談）は、そんなわけで、毎日毎日、大にぎわいである。他町村より早く、よそに真似のできない特産品を、という町村の担当者たちの熱気は、このところ、特にすさまじい。だが、待ってくださいよ、ほんとうにオリジナルで、将来性のある特産品が、そんなに容易につくれるものなのでしょうか？　電話に応対しながら、私は、いつも、気になってしかたがない。

ハスカップは、アイヌ語起源であり、和名がクロミノウグイスカグラであって、スイカズラ科、スイカズラ属の低木である。これは、やせ地で、やや湿地で、上木の乏しい場所に生育している。勇払地方の原野に多く見られ、この果実がジャム、菓子のアンとして美味であることから、苫小牧や千歳では、すでに商品化されている。後続の町村が、はたして、これで浮上できるのであろうか？　一時的にはブームとなっても、熱しやすくさめやすい消費者たちが、この割高なジャムを買い続けてくれるであろうか？

花は、淡黄色をし、二個一組であり、花が終わるころ、花の基部に、青い一個の果実が膨らんでくる。

新緑に吸ひ込まれゆく流れかな　鮫島交魚子

榛の花大きな鳥は北へ飛ぶ　紺屋　晋

◈学名　*Lonicera caerulea* var. *emphyllocalyx*
◈科属　スイカズラ科スイカズラ属
◈季語　（うぐいすかぐら）晩春；鶯《うぐいす》神楽《かぐら》

さらさどうだん　更紗満天星

えぞ梅雨ともいうべき、長雨が続いた。苗畑婦が雨合羽で働いても、苗畑作業が大幅に遅れ、雑草は伸び放題になり、道東支場（新得町）に赴任した新米の責任者は、作業予定の修正に、K技能員と頭を悩ませた。彼は長年の経験から、お天気には逆らえない、と焦らない。

ツツジ類が数多く植栽されている場内では、エゾムラサキツツジにはじまり、クロフネツツジが咲き、ヤマツツジが咲いて、いま、レンゲツツジが開きつつある。ツツジ属種の華麗な花ばなに比較して、ツツジ科のそのほかの属種の花ばなは、かなり地味である。サラサドウダンは、若葉が輪生する枝先に花軸を垂下させ、総状に淡紅白色から淡黄白色の鐘形の花を多数つける。

サラサドウダン（更紗満天星）という名前は、垂下した花冠《かかん》の先の、淡紅色の地に紅色の線条模様が、更紗（印花布、花布）の模様に似ていることに由来する。更紗は、ジャワ語のようであるが、本家はインドであって、種々の模様を手描き、あるいは捺染した金巾や絹布を指し、わが国でも生産されている。それにしても、この花の繊細な線条模様には、感心させられてしまう。

これは、ツツジ科ドウダンツツジ属の落葉性の低木であり、高さが四メートルになる。本州（近畿以東）から北海道（南部）に分布し、耐寒性に富み、秋の紅葉が美しいので、北国の庭木や生垣として、もっと植えられてよいだろう。

満天星に隠れし母をいつ見むや　石田　波郷

触れてみしどうだんの花かたきかな　星野　立子

◆**学名**　*Enkianthus campanulatus*

◆**科属**　ツツジ科ドウダンツツジ属

◆**季語**　（どうだんつつじ）**晩春**；満天星《どうだん》の花《はな》、満天星躑躅《どうだんつつじ》。**晩秋**；満天星紅葉《どうだんもみじ》

れんげつつじ　蓮華躑躅

遅い春であった。サクラの花が、二週間も遅れた。郭公の初啼きも、例年より遅かった。ところが、その後、晴天と高温の日々が続き、少雨となって、芝生の伸びさえ十分でないのに、ツツジ類がみごとに咲きだした。とりわけ、花の色、花の大きさにおいて、レンゲツツジが抜きんでている。赤色の花、黄色の花をつけた株株が、役所の前庭を美しく飾って、今、シバザクラと妍を競っている。シラカンバやカラマツの新緑に加えて、マツ類の花粉が舞っている。北国の春は実にすばらしい。

レンゲツツジ（蓮華躑躅）とは、枝先に、数個の花が、輪のように咲く様子が、マメ科のレンゲソウ（蓮華草）に似ているからであろうか。花色は、橙赤、朱紅、黄など、なかなか多様であり、赤レンゲ、樺レンゲ、黄レンゲなどと呼ばれる。花がない季節でも、葉の色（特に、葉先の色）、蕾の色、紅葉・黄葉などにより、それぞれの株の花の色は、おおよそ推測できる。一般的に、赤系統の方が、黄系統よりも、寒さに強く、成長が旺盛であり、花つきもよい。

これは、ツツジ科、ツツジ属の一低木であり、北海道では西南部にまれに自生する。けれども、寒さに強く、雪折れにも回復力が旺盛であるから、北海道の花木の代表的なひとつとなっている。実生により、容易に苗木がつくられる。取り木、株分けは、さらに簡単である。その人の好みにより、ヤマツツジ、エゾムラサキツツジ、サツキ、アザレア、ほかも結構であるが、まず、このレンゲツツジを植えてみることをお勧めしたい。

神が園火岩のつつじ花かざす　木下　春影

つつじ咲くその家の名の停留所　梶浦　夢泉

◆学名　*Rhododendron japonicum*
◆科属　ツツジ科ツツジ属
◆季語　晩春；蓮華躑躅《れんげつつじ》

ちしまざさ　千島笹・・・・・・・・・・・・・・

チシマザサ（千島笹）は、根曲がり竹とも呼ばれ、高さが一〜三メートル、稈《かん》の直径が一〜一・五センチになる、大型の笹である。積雪の深い地方や、山岳地帯に生育するから、耐寒性、耐雪性にとむと思われがちである。だが、冬季の寒乾害に弱くて、積雪の保温・保湿効果に依存することにより、南方系のタケ・ササ類は北方まで進出できた、と考えられる。そして、厚い雪の蒲団のために、稈の根元が曲げられてしまう。この稈は、竹細工、豆の手竹、冬囲い、防風編柵、ほかに広く利用されてきた。

北海道の森林を考えると、ササ類は、天然更新の重大な阻害者であり、伐採跡地や山火事跡地は、一面の笹原になりやすい。造林では、ブラッシュカッターで、ササ類を筋刈りし、苗木の植えつけ後にも、数年間の刈り払いが必要である。しかし、国土保全からみると、それらの地下茎網による地縛り効果は、まことにすばらしい。同じ林業人が、一方ではササ類の退治方法を工夫し、他方ではササ類の水土保全効果を評価することになる。

タケノコ採りは、初夏の楽しみのひとつであるが、タイミングを計り、笹藪を這い回り、足腰は疲れ、ゴム長靴は破れ、熊に用心し、漆かぶれを覚悟して、ブヨ、カに我慢の子、・・・・・でなくては務まらない。

チシマザサは、イネ科、ササ属の多年生植物で、地上に越冬芽をつけ、枝分かれするので、木本に分類される。このササの子は太めで、色白で、きめ細かく、アクが少なく、ふつうのタケノコ（モウソウチク）より、ずーっと、うまい。

昼飯の輪のまわりから山笑う　森上　露風
竹の子採り蔦漆にも触れてくる　紺屋　晋

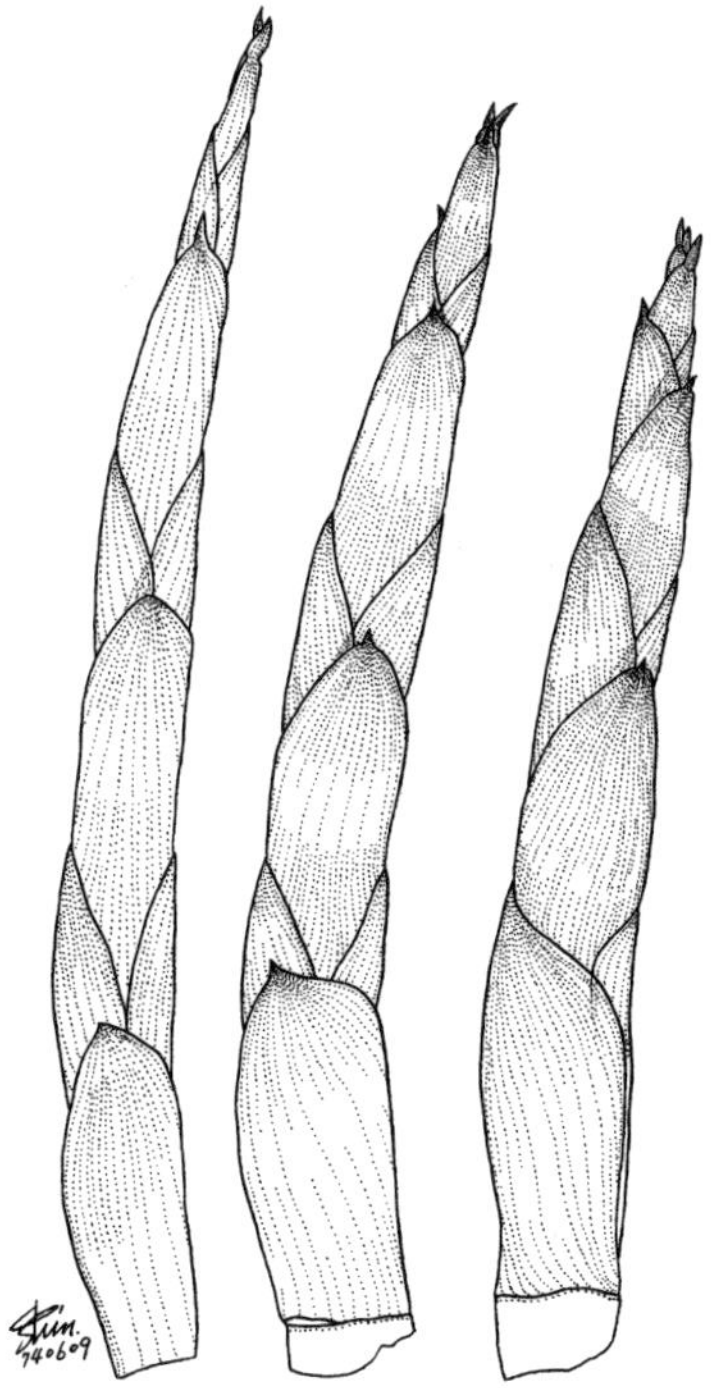

◆学名　*Sasa kurilensis*
◆科属　イネ科ササ属
◆季語　**仲夏**；笹《ささ》の子《こ》、篠《すず》の子《こ》、芽笹《めざさ》、篶《すず》の子《こ》

ニセアカシア

もう四半世紀あまりの、昔のことであるけれども、札幌の大学に入り、専門は林学科でありながら、植物学の講座にも出入りしていたころ、事務官のH嬢が、「アカシアの雨に打たれて…、」とよく唄っていた。T先生の下、兄弟子たちは、植物名を、和名ではなく、学名でいうのであって、新入りは、これに泣かされた。ロビニア・プセウドアカキアという学名が、ニセアカシアであった。

今、美唄市峰延の、わが家の南面の切り土法面には、これの林分が拡大しつつある。種子で繁殖する以上に、根から地上茎を旺盛にだして、次つぎに、新しい株をつくりだすのである（根萌芽《ねほうが》繁殖）。このたくましい能力、マメ科に見られる根粒菌《こんりゅうきん》、ほかの要素が、この木を「痩せ地造林の適樹」とさせるのであろう。かつての炭鉱地帯には、今、この白い花ばなが咲いている。林床には、蜜蜂の箱がおいてある。蜂屋さんの縄張りもある。

ニセアカシアは、蜜源植物として、世界中の温帯に植栽されている。わが国では、街路樹は、街の緑であり、風景美・景観づくりである、と思われている。けれども、世界的には、多くの国々において、蜜源植物を街路樹として植え、養蜂業を盛んにする方針であるらしい。役立つものを植栽する――この心構えが、資源小国・経済大国の日本には、不足している、と思われる。

これは、マメ科、ソラマメ亜科、ハリエンジュ属の、落葉・広葉・高木であり、高さが二五メートルになる。ニセ（偽もの）を嫌って、ハリエンジュと呼ぶ人も多い。ただし、アカシアを捨てがたい。

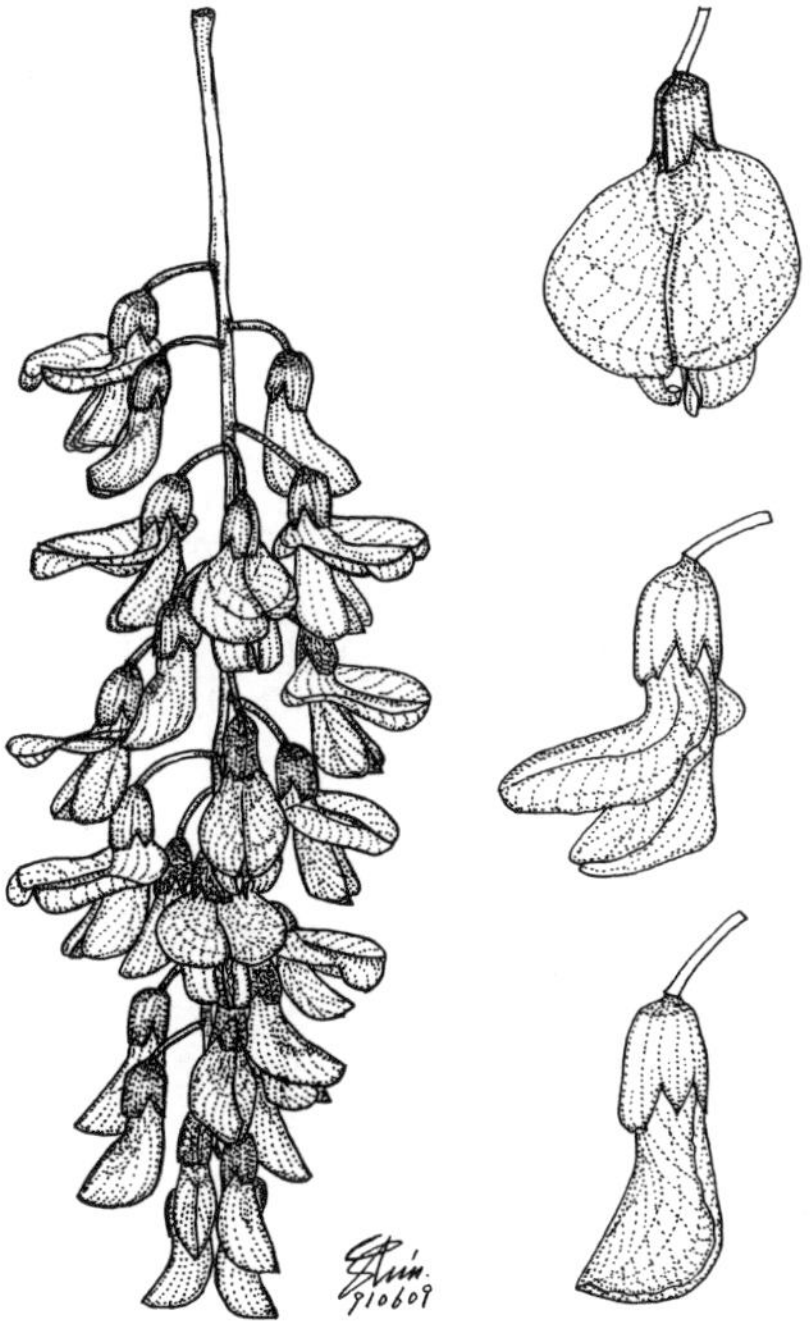

花槐引越し一荷にて終る　福岡　耕郎

掃いても掃いてもアカシアの花吹雪　紺屋　晋

◆学名　*Robinia pseudoacacia*

◆科属　マメ科ハリエンジュ属

◆季語　**初夏**；アカシアの花《はな》、花《はな》槐《えんじゅ》、ニセアカシア、針《はり》槐《えんじゅ》

かしわ　柏

えりも町に招かれて、「郷土の木・カシワ」について、話をした。海岸線のカシワは、強風や潮風で刈り込まれているけれども、漁民によっても伐られてきた。樹皮からタンニンを採って、魚網を丈夫に染め、残りの材を燃料としてきたからである。しかし、伐られても、刈り込まれても、カシワは、たくましく再生してくる。幹の基部から、萌芽《ほうが》して（ひこばえをだして）、新しい幹（萌芽娘幹）をつくるのである。これが、萌芽更新（萌芽繁殖）である。聴衆には、かつて、K氏を中心に、「アカシア」に加わっていた方々が、数人おられて、終了後に、懐かしそうに話しかけてこられた。

柏餅は、かつての、われわれの先祖の、暮らしの名残である。ホオノキ、サクラ類、シイ、ササ類の葉も、同様に利用されていた（朴葉味噌、桜餅、笹団子）。なかでも、カシワがもっとも手頃であったらしい。それで、かしぐ（炊ぐ）葉、カシハが、この木の名前になった、といわれる。ケシキハ（食敷き葉）説もある。昔、江戸時代までは、カシワの葉がトレイとして使われた。ご先祖に習って、プラスティックのトレイを、カシワの葉でいくらかでも置換したいものである。

カシワは、ブナ科、コナラ属、カシワ節の、落葉・広葉・高木であり、高さが三〇メートルに、直径が一〇〇センチになる。日本各地、南千島、沿海州、朝鮮、中国に分布する。わが国の柏は、中国では、ヒノキ類を指している（ヒノキは扁柏、イトスギは柏木）。他方、カシワは、槲《こく》、柞櫟、波蜀櫟などと書かれる。

腰かけて待てば出来けり柏餅　　相島虚吼

寒風に刈り込まれたる柏かな　　紺屋晋

◆**学名**　*Quercus dentata*

◆**科属**　ブナ科コナラ属

◆**季語**　**仲春**；柏落葉《かしわおちば》、柏散《かしわち》る。**三冬**；冬柏《ふゆかしわ》、柏《かしわ》の枯葉《かれは》、枯柏《かれかしわ》

さんしょう　山椒

道立林試の樹木園は、緑一色になった。それでも、今咲いている花も、これから咲く花もある。これからの木々の花には、白い色のものが多い。そんななかで、サンショウの花は、石狩平野では、幹が根元近くまで枯れるので――日高・胆振の太平洋岸では、高さが三メートルくらいの低木になるのであるけれども――、ほとんど見られないし、咲いても、小さな緑黄色なので、目立たない。

葉は、なおも、次つぎと展開していた。そこで、新条（新しい枝、緑枝）のなかほどの葉を、二枚摘んだ。よい香りがした。サンショウに特有の、この芳香は、葉に二～四パーセントの精油（さんしょう油）が含まれているから、といわれる。この香りから、若い葉は、澄まし汁、和え物、佃煮などに利用される。それで、「木の芽」といえば、一般的な木の芽のほかに、特にサンショウの芽（若葉）を指すほどである。庭に、一株ほしい木のひとつである。

この葉は、奇数羽状複葉《うじょうふくよう》と呼ばれ、小葉が五～九対つき、頂小葉が一枚つく。そして、葉のつけねには、一対のとげ（刺）がある。これらの小葉は、広披針形から卵形をし、長さが一～三センチあって、質がやや厚く、浅い鋸歯《きょし》とそのもとの腺点《せんてん》とをもつ。

これは、山椒、蜀椒と書かれ、ミカン科、サンショウ属の低木であり、日本各地、朝鮮、中国（東北部）に分布する。北海道では、日高以西に自生する。古くから、人家に植えられてきた。

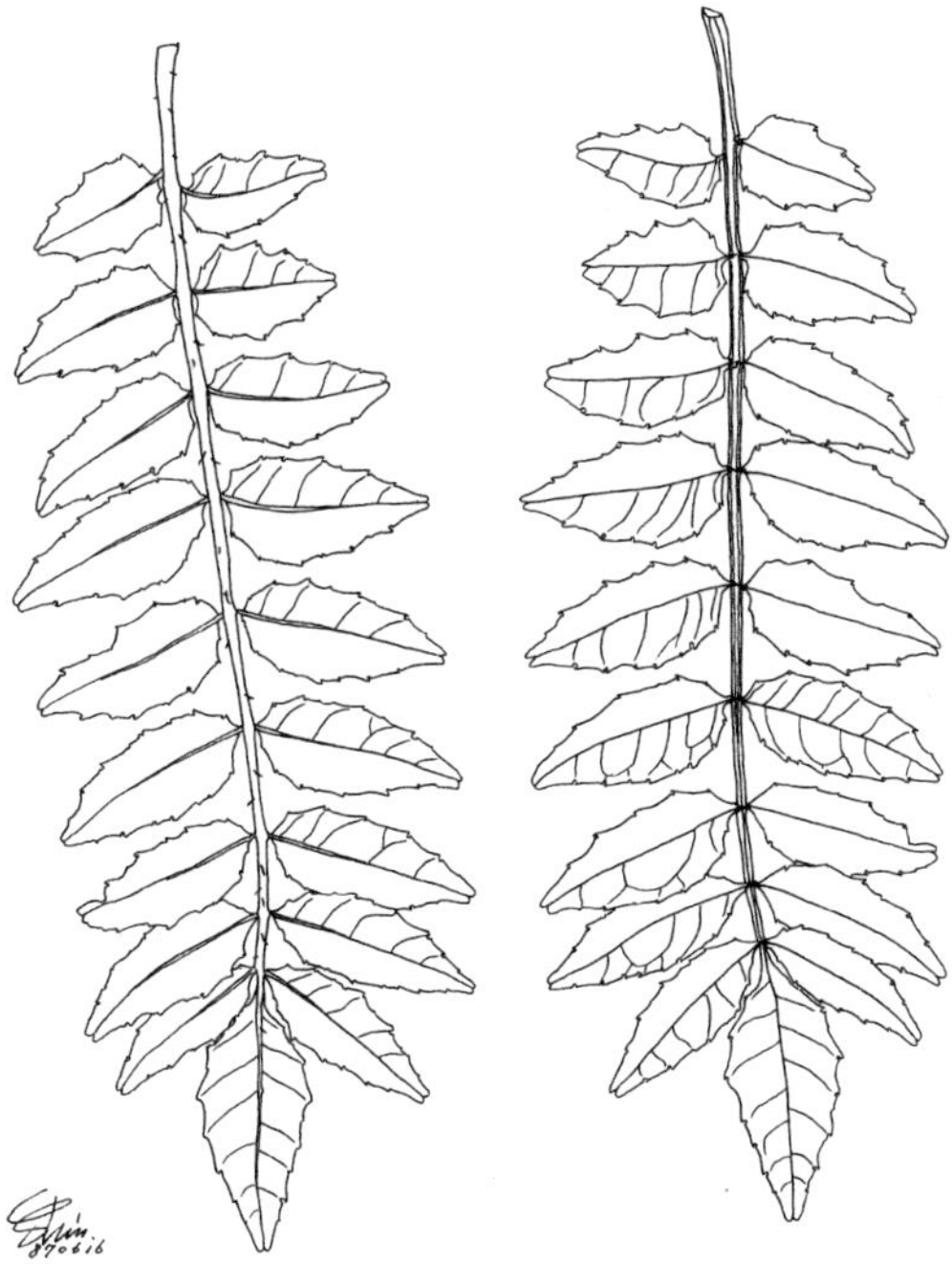

大寺のうしろ明るき梅雨入かな　前田　普羅

木の芽和母との会話ちぐはぐに　阪本四季夫

◆学名　*Zanthoxylum piperitum*

◆科属　ミカン科サンショウ属

◆季語　**仲春**；山椒《さんしょう》の芽《め》。**初夏**；山椒《さんしょう》の花《はな》。**晩夏**；青山椒《あおざんしょう》。**初秋**；山椒《さんしょう》の実《み》、蜀椒《しょくしょう》、実山椒《みざんしょう》、はじかみ

うめ2　梅

この春から初夏にかけて、北海道の気温がプラス気味であったようであり、石狩平野でも、ウメの果実が大きくなった。これの経済的な栽培可能地域は、道南にかぎられる、とみられている（東北地方にウメの産地がないことから推察すれば、道南でも無理であろうが）。梅干しをつくるために、北方では、スモモを栽培して、代替品としてきた、といわれる。

この季節は、梅雨の候である。青梅を枝からもぎ取り、焼酎漬けにしたり、シソ葉液につけては干したりで、相模の生家では、子供もけっこう手伝いをした、と記憶している。なにしろ、梅干しづくりは、農村の一年間の食生活と、かなり密接に結びついていたからである。花の観賞ではなく、食べられる果実を生産することが、庭木の役目であった。これほどすばらしい庭木、いや、家庭果樹が、ほかにあるであろうか？

ウメの実（果実）は、核果《かくか》と呼ばれ、毛の生えた外果皮《がいかひ》、果肉（中果皮）、核（内果皮）、仁《じん》（種子）という構造になり、外には片側に縦溝がある。この実を採るために、中国の長江流域原産のウメが、わが国にも古くから渡来して、各地で風土に適した品種が、数多くつくりだされてきた。

ウメは、バラ科、サクラ属、スモモ亜属に属して、アンズ、スモモ、セイヨウスモモと仲間である。いずれも栽培種であって、それぞれの区別が、なかなかむずかしい。

梅の実を盥にあける音のよし　野村　喜舟

点滴の傷の増えゆく梅三分　紺屋　晋

◆**学名**　*Prunus mume*

◆**科属**　バラ科サクラ属

◆**季語**　**初春**；梅《うめ》、野梅《やばい》、臥龍梅《がりゅうばい》、青龍梅《せいりゅうばい》、残雪《ざんせつ》梅《ばい》、飛梅《とびうめ》、鶯宿梅《おうしゅくばい》、盆梅《ぼんばい》、枝垂梅《しだれうめ》、梅《うめ》が香《か》、白《はく》梅《ばい》、老梅《ろうばい》、梅林《ばいりん》、梅園《ばいえん》、梅《うめ》の里《さと》、梅屋敷《うめやしき》、梅《うめ》の宿《やど》、梅《うめ》の主《あるじ》、梅見《うめみ》、観梅《かんばい》、夜《よる》の梅《うめ》、紅梅《こうばい》、未開《みかい》紅《こう》、薄紅梅《うすこうばい》。**仲夏**；青梅《あおうめ》、梅《うめ》の実《み》、煮梅《にうめ》、豊後《ぶんご》梅《うめ》、信濃梅《しなのうめ》、甲州梅《こうしゅうめ》、小梅《こうめ》、実梅《みうめ》。**晩秋**；梅紅《うめもみ》葉《じ》。**仲冬**；冬至梅《とうじばい》。**晩冬**；早梅《そうばい》、早咲《はやざき》の梅《うめ》、冬《ふゆ》の梅《うめ》、梅早《うめはや》し、寒梅《かんばい》、寒紅梅《かんこうばい》

びわ　枇杷

千葉県の市原市のK造園会社から、企業訪問の直後に、房州名産のビワが送られてきた。いくらかの論文や解説書を持参し、新しい造園技術を語りもしてきたが、ともかく、公務出張の余得である。近ごろ、私学の教員は、講義をするだけでなく、休講してでも、受験を勧めるために高校を訪問し、卒業生の就職のために企業訪問をおこなう。教育者兼務のセールスマンでもあるのだ。

黄色で、毛が生えた果実を、早速、ゼミ生たちと食べた。おいしい、みずみずしい、タネばかりだ、皮剥きが面倒だ、・・・の声ごえがでた。残ったものを、傷まないうちにスケッチした。種子数は一〇個（五室×二胚珠《はいしゅ》）のはずであるが、未発達のものがあり、大きく成熟する種子は、四～五個にすぎない。種子は、無胚乳《むはいにゅう》で、大きな双葉が入っている。

ビワは、バラ科、ナシ亜科、ビワ属の常緑性の高木であり、高さが一〇メートルになる。中国（浙江、四川、湖北）と日本の原産であり、中国産の大果品種が、江戸時代末期にわが国に伝来し、品種改良されてきた。冬季に開花するので、寒害を受けやすく、ウンシュウミカンよりもやや暖地が栽培適地になっていて、生産量は、長崎、鹿児島、千葉、愛媛、香川、佐賀、熊本、兵庫、高知の順である。なお、ビワの漢字は、中国でも枇杷であるから、日本産のものの名前が失われたことになる。そして、楽器の琵琶は、その形が枇杷の果実と似ているから、名づけられたにちがいない。

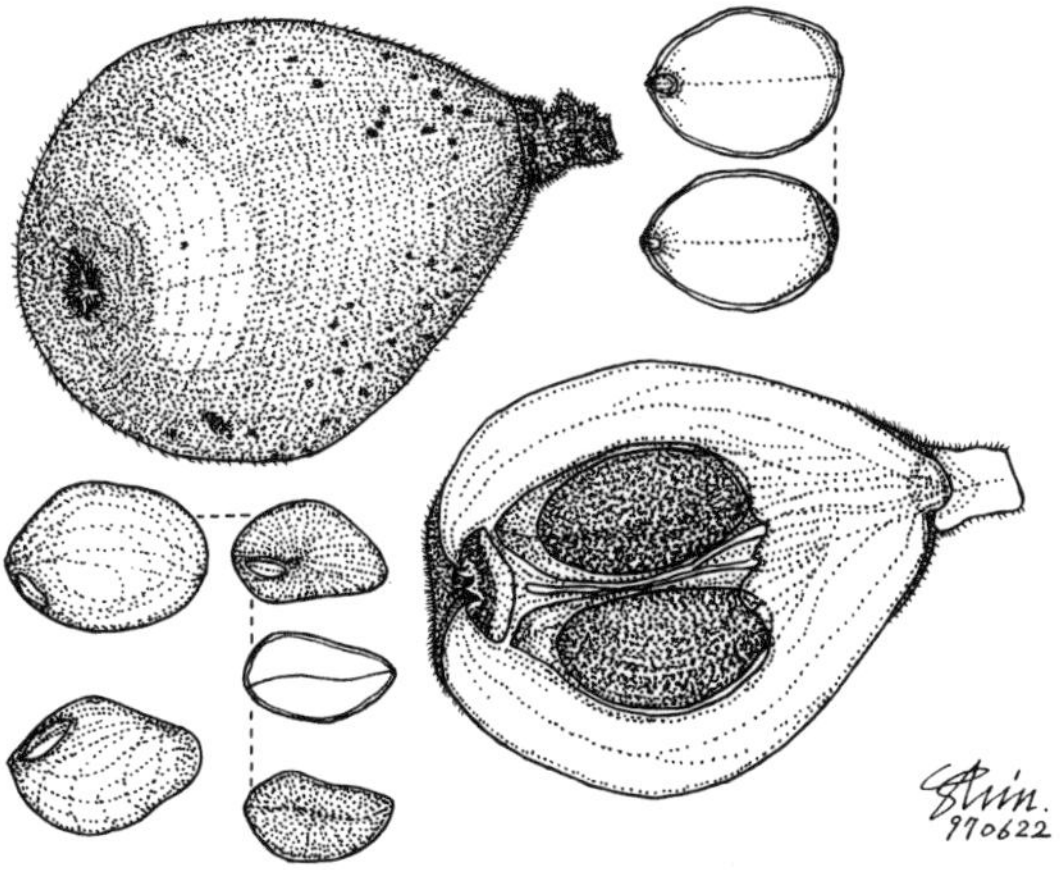

藍匂ふ女ざかりの枇杷の里　　岡澤　康司

フェリー着く土庄港や枇杷熟れて　　明石　浩嗣

◆学名　*Eriobotrya japonica*

◆科属　バラ科ビワ属

◆季語　仲夏；枇杷《びわ》。仲冬；枇杷《びわ》の花《はな》

いたやかえで　板屋楓

イタヤカエデは、カエデ属の一種であり、北海道にもっともふつうに見られ、最大のカエデである。高さが二五メートル、胸高直径が九〇センチになる。板屋楓と書かれるが、牧野富太郎先生によると、葉がよく茂り、板葺き屋根のように、雨が漏れない、という意味である。エゾイタヤとも呼ばれる。

これは、日本各地のほか、樺太、朝鮮、中国、東シベリアにも分布し、北海道では、海岸から山地まで、どこにでも生育している。その木材は、堅く、粘りがあって、折れにくいので、家具材、スキー材、ラケット材や、木炭に利用される。この樹液は、糖を多く含み、ホットケーキ用のメイプルシロップ（楓糖）にも用いられる。ただし、ふつうのメイプルシロップは、サトウカエデの樹液からつくられる。

土壌を選ばず、潮風にもよく耐えるので、イタヤカエデは、海岸防風林造成のエース（適樹）のひとつである。これを育苗して、砂丘に植栽しにゆくことが、わが研究でもある。耐性が大きいから、公園や街路樹にも向くはずであるが、黄葉から黄橙葉なので、ヤマモミジ、ハウチワカエデとはちがって、人気がない。葉は、大きく、手を開いたように（掌状に）、七片に浅く裂け、長い葉柄《ようへい》をもち、枝の先に、一カ所（節）に二枚ずつつく。葉の縁には、鋸歯《きょし》がない。これの変種に、葉が浅く五片に裂けるベニイタヤ（紅板屋楓）がある。

なお、カエデ属の種は、ヤマモミジ、ハウチワカエデ、クロビイタヤというように、モミジ、カエデ、イタヤのいずれかを名前にもつ。イタヤと言えば、大型であり、木材利用の種類というイメージが強い。

晩学へ発つや日高嶺薄紅葉　　高田　塒鳥

露天掘り崖のいたやの果は青し　　紺屋　晋

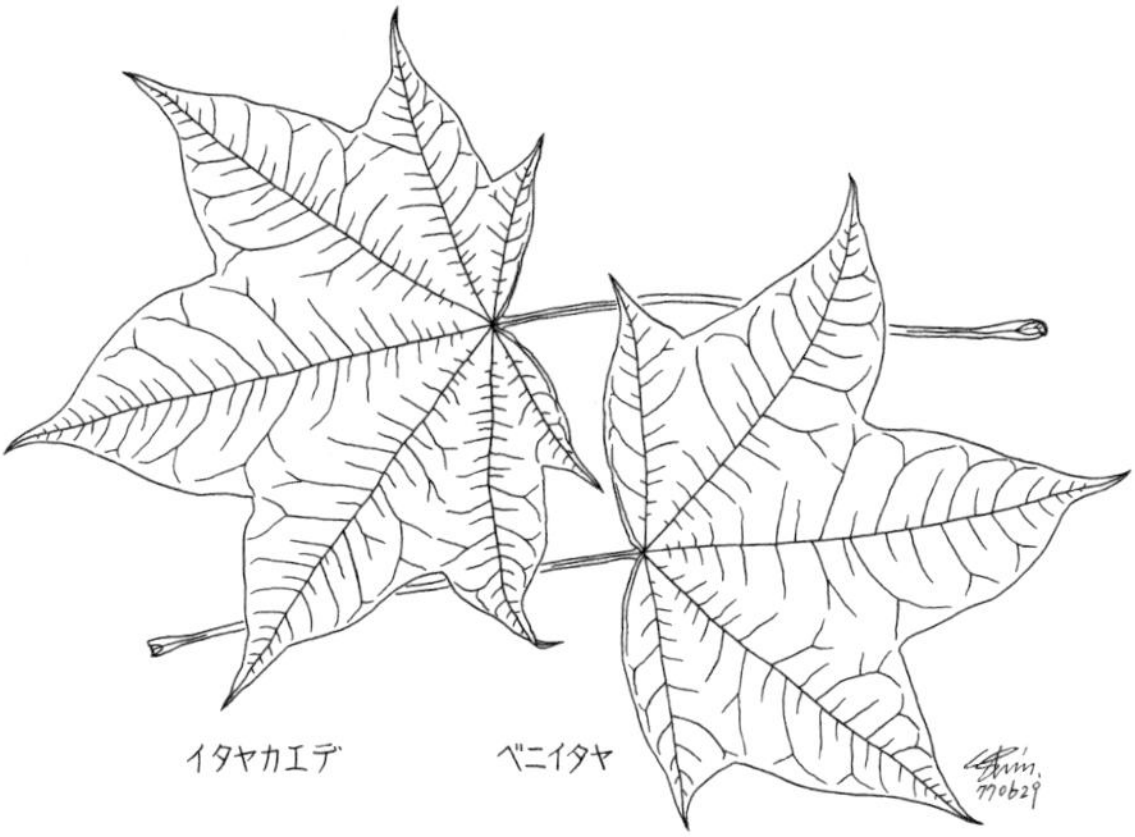

◈学名　*Acer mono* ssp. *marmoratum*
◈科属　カエデ科カエデ属
◈季語　**初夏**；若楓《わかかえで》、楓《かえで》若葉《わかば》、青《あお》楓《かえで》。**晩秋**；板屋《いたや》かえで

なつつばき　夏椿

早い春の後、天候は順調であり、植物季節が一〇日間くらいも早めに進んでいる。それで、この年には、木の花のスケッチが、写真撮りが、いつも遅れがちになってしまった。この花の名前はなに？　もう咲いたの！　落葉性なのに、厚い葉、白く薄い花弁、なかなか清楚な、寺院の境内にふさわしい花である。そのナツツバキを、コップに水挿ししたら、花が半日で萎れ、落ちてしまった。一日花なのである。そこで、樹木園にいき、下枝の先の一花を、小枝ごと剪った。まだ開ききっていない、汚れがない花を、すぐにペン画にした。色こそちがうけれども、ツバキの花と、確かに似ている。

ナツツバキは、夏椿であり、夏に花が咲くからである。ツバキ科、ナツツバキ属の、落葉性高木であり、高さが一五メートルになる。「夏椿の花」「沙羅の花」の季語は、晩夏である。本州（福島県以西）、四国、九州に自生し、北海道では、庭木として植えられる。

この別名を、シャラノキ、という。シャラノキは、釈迦入滅の木（涅槃の木）である。ただし、本来のサラノキ（沙羅樹、沙羅双樹）は、インドの常緑高木であり、フタバガキ科、ショレア属（ラワン類）である。本家の木は、有用樹であり、木材はもとより、樹皮からタンニン、染料が採れる。また、種子は、焼かれて食用になり、油が搾られる。中国や日本では、葉が似ているナツツバキを、沙羅樹の代用としたのである。

キリシタンかくれもあらず沙羅の花　岡澤　康司
沙羅を見に病生涯の妻と行く　長山　遠志

◆学名　*Stewartia pseudocamellia*
◆科属　ツバキ科ナツツバキ属
◆季語　**晩夏**；沙羅《しゃら》の花《はな》、夏椿《なつつばき》の花《はな》、ひめしゃら、さらの花《はな》

せいようみざくら　西洋実桜

●●●●●●●●●●●

公宅住まいをしている。隣は、単身赴任者である。その庭隅に、忘れられたかのように、一本の桜木がある。それは、花時には、スモモないしナシかと思われた。今、赤い実が、鈴なりに下がってきている。二十数年前に、道立林業試験場の初代場長のY氏により、植えられたのだそうである。すでに、下草の中に、かなりの数の実が落ちていた。梯子をかけ、息子にもがせた。見上げると、昼の月があった。

夕食の時、サクランボが皿に盛られた。ケーキもあったが、この甘いフルーツは、大いに受けた。店先のものは、熟す前の固いサクランボを出荷するから、色だけで、甘みが乏しい。この日は、末っ子の誕生日であった。

これは、セイヨウミザクラ（西洋実桜）が、和名であり、サクランボが愛称であって、バラ科、サクラ属のうち、サクラ亜属に属し、エゾヤマザクラと類縁があまり遠くない。桜桃と書かれるが、この漢字は、厳密には、中国産のカラミザクラ（唐実桜）を指すらしい。なお、わが国ではほとんどみられないが、サンカオウトウ（酸果桜桃）は、氷点下三一度にも耐えるそうである。

セイヨウミザクラは、ヨーロッパ原産であり、低温によく耐え、北海道ではリンゴとほぼ同じ栽培圏であって、道東や道北では、うまい果実を期待しにくい。おもに生食され、缶詰にもなる。日本での主要品種は、ナポレオンと言われるが、各地で品種改良がおこなわれてきて、より大きくうまく、佐藤錦などがつくられ、山形、青森、北海道西部が主産地となっている。

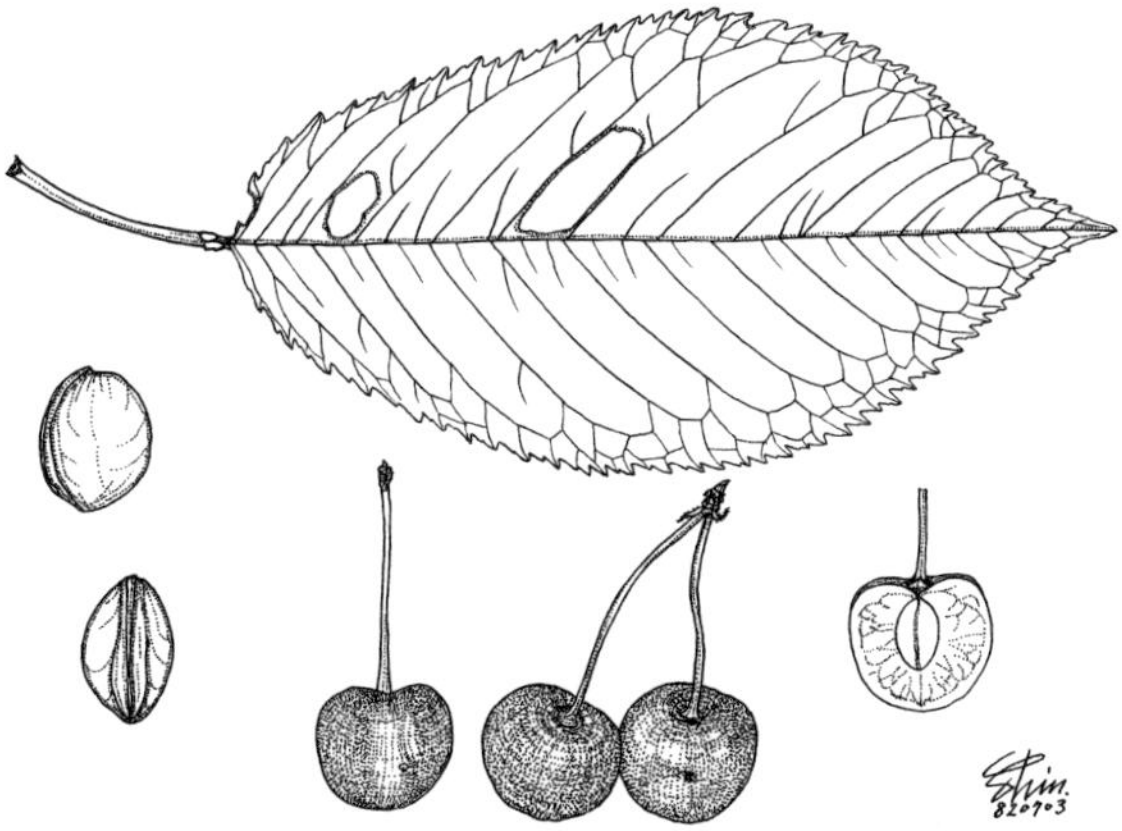

てのひらに桜桃盛りて故郷あり　五所平之助

実桜やピアノの音は大粒に　中村草田男

◆**学名**　*Prunus avium* cv.

◆**科属**　バラ科サクラ属

◆**季語**　**晩春**；桜桃《おうとう》の花《はな》、チェリー、西洋実桜《せいようみざくら》、支那実桜《しなみざくら》。**仲夏**；桜桃《おうとう》の実《み》、桜桃《おうとう》、さくらんぼ

すもも　李

本州方面は、梅雨である。わが北海道は、清々しい夏である。草野球で、鼻の頭が焼けて、一皮むけてしまった。梅雨は、文字どおり、青梅の季節であり、梅酒、梅干しが、想い出される。北海道の開拓時代には、耐寒性に難があるウメに代わって、丈夫なスモモ（李）が庭に植えられ、梅干しもつくられた。家庭果樹のエースであったのである。

離農地の屋敷跡に、今なお、取り残され、樹冠いっぱいに白い花ばなを咲かせ、芳香を漂わせるスモモを見ると、そして、その果実が無為に落ちて、朽ちる様子を見ると、開拓の歴史、入植者たちの生活が偲ばれる。開拓記念樹なのである。空知地方にも、大梅園をつくり、観梅と梅干しの両方を狙う話もある。けれども、花はともかく、果実は、数年に一度くらいしか、豊産にならないであろう。ミカン産地の和歌山県が、ウメの産地でもあるのだから、スモモの改良品種の方こそ望まれる。

ウメとスモモの見分け方は、花、果実などでもよいけれども、葉による手法が容易である。ウメの葉は、幅が広く、卵形から広卵形である。他方、スモモの葉は、幅が狭く、広披針形から狭卵形である。種小名のサリキナは、柳の葉である。

これは、バラ科、サクラ属、スモモ亜属に属し、アンズ、ウメ、セイヨウスモモとともに、スモモ類である。中国原産の落葉高木であり、耐寒性に富み、全道的に植栽されていた。スモモもモモもモモのうち、といわれるが、スモモとモモの類縁はやや遠い。

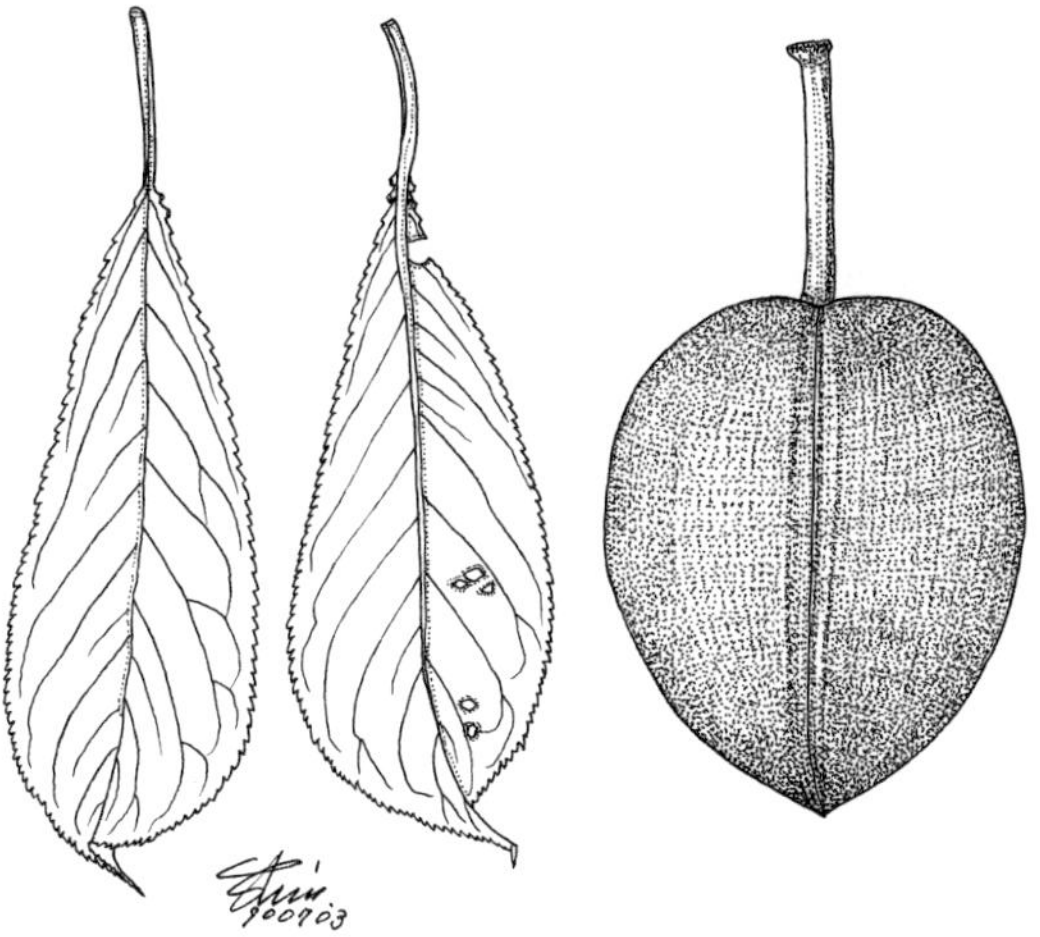

病教授杖に身を凭せすもも買ふ　　飯野　砂不

巴旦杏掌中にして五十過ぐ　　岸　風三楼

◆**学名**　*Prunus salicina*
◆**科属**　バラ科サクラ属
◆**季語**　**晩春**；李《すもも》の花《はな》、李花《りか》、李《すもも》散《ち》る、巴旦杏《はたんきょう》の花《はな》。**仲夏**；李《すもも》、李子《すもも》、米桃《よねもも》、牡丹杏《ぼたんきょう》、巴旦杏《はたんきょう》

えぞやまざくら2 蝦夷山桜・・・・・・・・・・・・・・

道南の漁村集落は、海と山に挟まれた場所に存在することが、ふつうである。裏手は、すぐに崖地であり、大雨による落石や土砂崩れが生じやすい地形的な環境にある、といえる。防災課では、この年、この山地災害防止基本調査に基づいて、恵山の周辺を歩いている。

その地方の干場《かんば》（昆布干しの砂利敷き地）を歩いていたら、砂利敷き部分に、いろいろな植物の実生が見られた。特に、エゾヤマザクラの芽生え・実生が目についた。その傍らの電柱には、ハシブトガラスが止まっていた。ははーん、あれだ！

昨年、旭川市の、旭山スキー場周辺の森林植生を調べた際に、カラスのペリット（非消化物の吐き戻し）に、エゾヤマザクラのタネ（内果皮《ないかひ》付き種子）が見られ、カラスがサクラ類のタネ運びとタネ播きをしていることを確認できた。干場のカラスは、浜で魚を食べ、近くの山林で、デザートの果実を食べる、という図式である。

エゾヤマザクラ（蝦夷山桜）は、六月末ないし七月はじめに熟する。いわゆる「桜の実の熟するころ」である。この果実は、多肉果であり、成熟にともない、はじめに赤く、後に黒紫色に変わる。果実は、核果《かくか》であり、長さが一〇～一三ミリあり、二～四・五センチの柄をもち、小粒のサクランボ風である。

これは、オオヤマザクラ（大山桜）とも呼ばれ、本州方面のヤマザクラより、北方系である。これは、バラ科、サクラ亜科、サクラ属のサクラ亜属、ヤマザクラ節に含まれ、高さが二〇メートルあまり、直径が五〇センチあまりに達する。寒冷地方のサクラとして、庭木や公園樹として、路傍にも、堤にも、広く植栽されている。

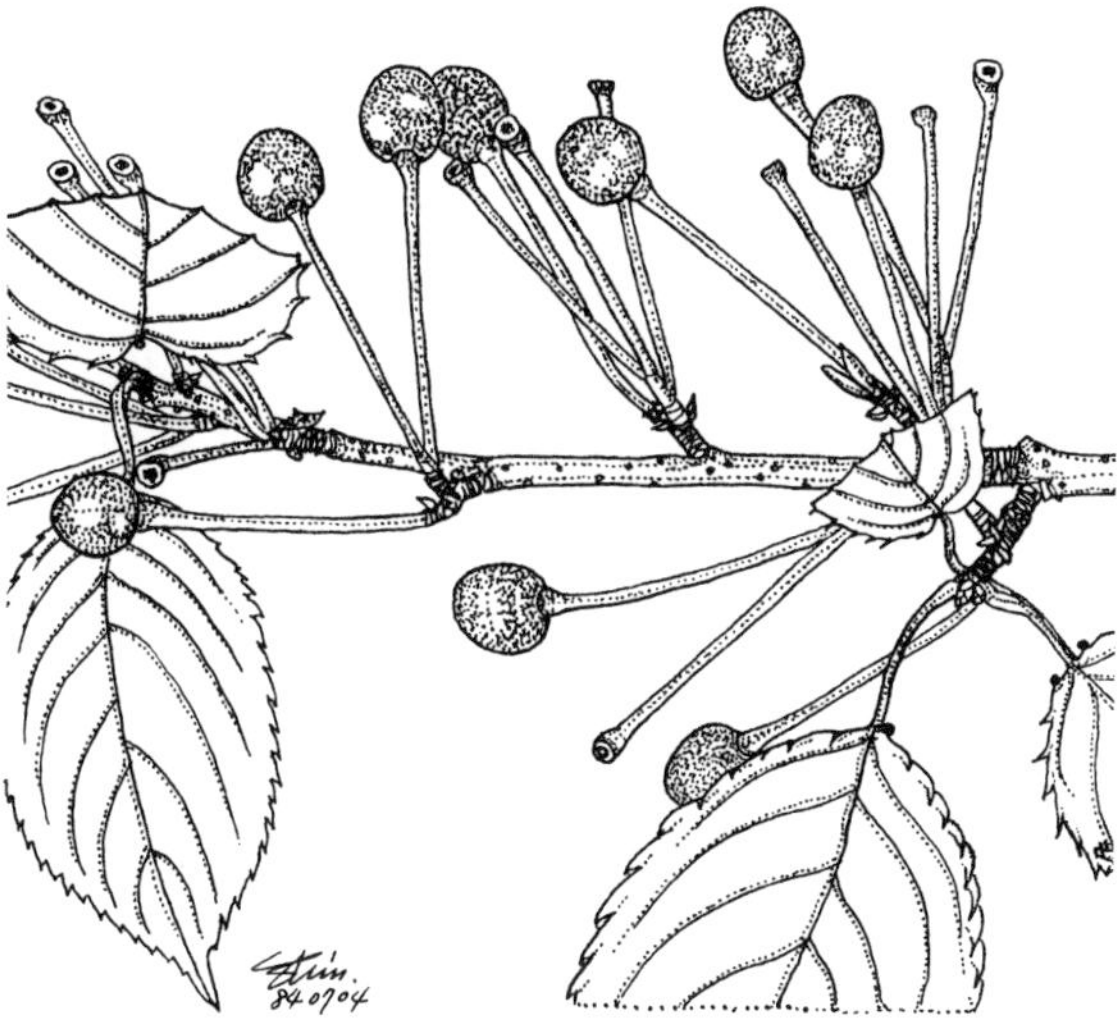

桜の実熟れ落つ無名戦士の墓　　濟賀　得二

素のままの風を染めゆく山桜　　熊崎かず子

◆**学名**　*Prunus sargentii*

◆**科属**　バラ科サクラ属

◆**季語**　（やまざくら）**晩春**；山桜《やまざくら》。**初夏**；葉桜《はざくら》。
仲夏；桜《さくら》の実《み》、実桜《みざくら》、桜実《さくらみ》となる。**仲秋**；桜紅葉《さくらもみじ》

はるにれ2　春楡

河畔林を研究することになった。川の、本来の森林である。河畔林は、失われてゆく一方である。これの評価をして、河川計画にも復権させよう、という狙いである。まずは、水面に落ちてくる虫たちを、洗面器状のトラップで調べ、川魚の食糧としての役割を推察してみよう、なのである。魚つき林である。ヤナギ類が大部分であるけれども、ハルニレも混生している。

新しい枝（新条、シュート）を剪り取り、スケッチした。芽吹きの際の、芽鱗痕《がりんこん》から上へ、葉が左、右、左、右と、ジグザグに展開している（二列互生の葉序《ようじょ》）。ハルニレでは、枝にも、葉柄にも、毛が生えている。一枚目の葉は、ごく小さい。そして、二、三、四枚目と大きくなってゆき、五枚目あたりから、本来のサイズ、形状となる。

ハルニレをはじめ、オヒョウ、ケヤキ、エノキなども、葉身《ようしん》の基部の左右が相称ではない。これは、葉脚《ようきゃく》不斉と呼ばれて、ニレ科の樹木の特徴となっている。枝側の方の葉脚が大きいのであるけれども、その説明として、冬芽を保護するためである、という理由がある。葉柄《ようへい》の長さからみると、そう簡単にはいえないのであるけれども。

ハルニレは、ニレ科、ニレ属の高木であり、高さが三〇メートル、直径が一二〇センチに達する。樹皮は、灰色ないし暗灰色をして、不規則に、やや浅く、縦に裂ける。ニレ属の木々は、世界の温帯に広く分布している。また、公園樹・並木樹として植栽され、親しまれている。

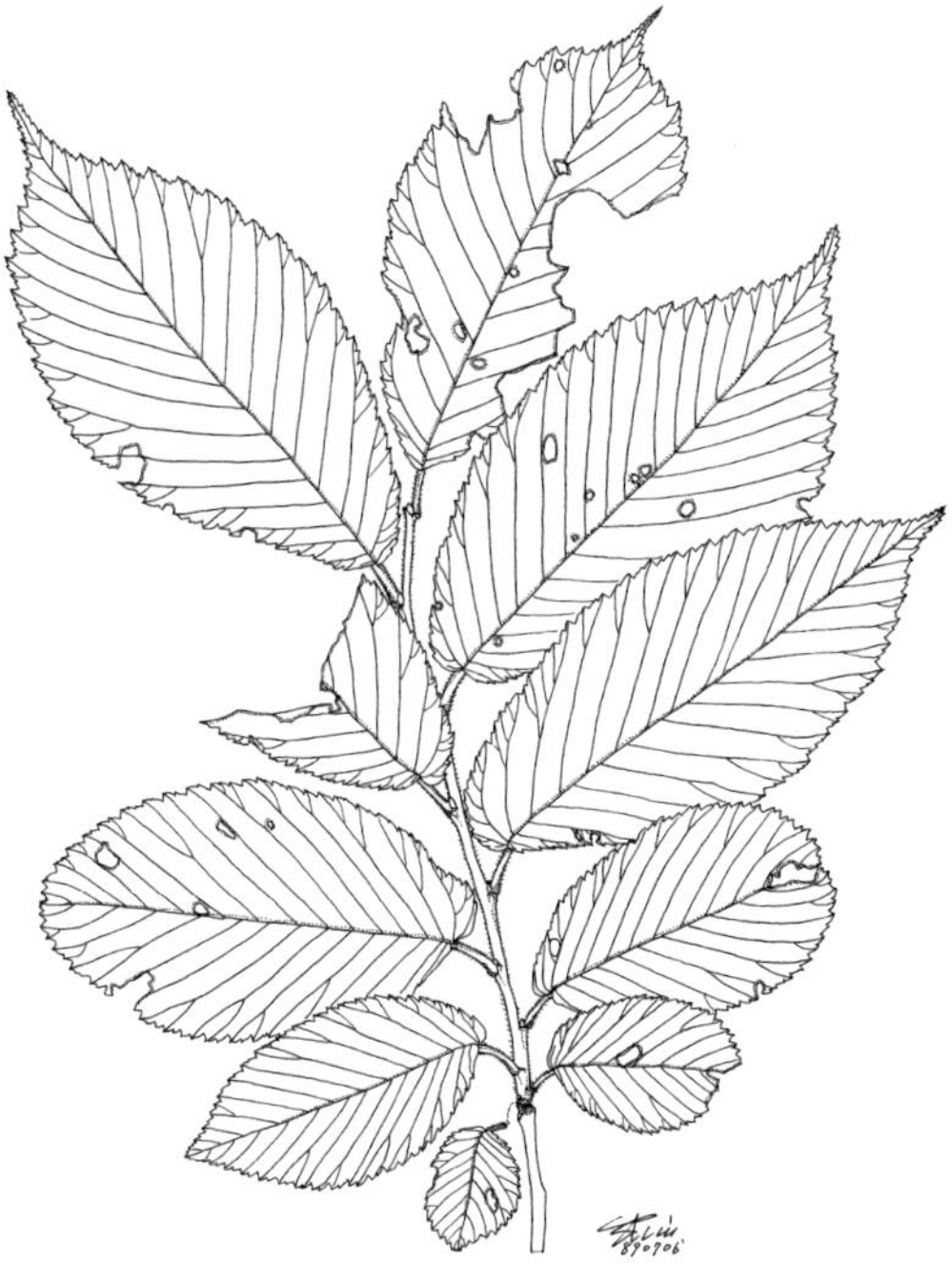

青梅雨や聖堂越えし楡大樹　　宮坪　勝美

楡芽ぐむ楡の学び舎学位受く　　紺屋　晋

◆**学名**　*Ulmus davidiana* var. *japonica*
◆**科属**　ニレ科ニレ属
◆**季語**　（にれ）仲春；楡《にれ》の芽《め》

くまいざさ　九枚笹・・・・・・・・・・・・・・・

町民有志と、新得山八十八カ所の参道を歩いたら、クマイザサは、花から種子へと移り変わっていた。花の数に比較して、種子（穎果《えいか》）は、かなり少なくて、歩留まりがよくなかった。水稲のようにはいかないのであろう。これなら、ノネズミの大発生はないかもしれない、と話がまとまった。

ところで、クマイザサの葉には、小さな穴が、横に連続して存在することがある。それらは、穴のサイズがちがい、小から大へ連続したサイズとなる。そこで、Q&Aになった。

この穴は、どうしてできたのでしょうか？

たぶん、何かの虫が食った痕です。しかも、このまま食べたのではなく、葉が開く前に、巻いていたときに、食ったのです。

それでは、大と小と、どちらが中心だったのでしょうか？

当然、小ですよ、中にいた幼虫も小さかったからです。

最後に、ササが巻いていたとき、葉表と葉裏と、どちらが内側でしょうか？

外側に毛が生えている方が、納得できますよ。

ササの葉を、こういう形で食うのは、セセリ科のコチャバネセセリ、コキマダラセセリ、イチモンジセセリ、ほかの蝶類であるらしい。ぜいたく食いにも見えるが、これだからこそ、ササの葉も枯れず、光合成が十分にできるのであり、資源の賢明な利用（ワイズユース）なのかもしれない。

躙口《にじりぐち》に笹の風して春の闇　小林　順子

熊が来た熊が来たぞと笹起きる　紺屋　晋

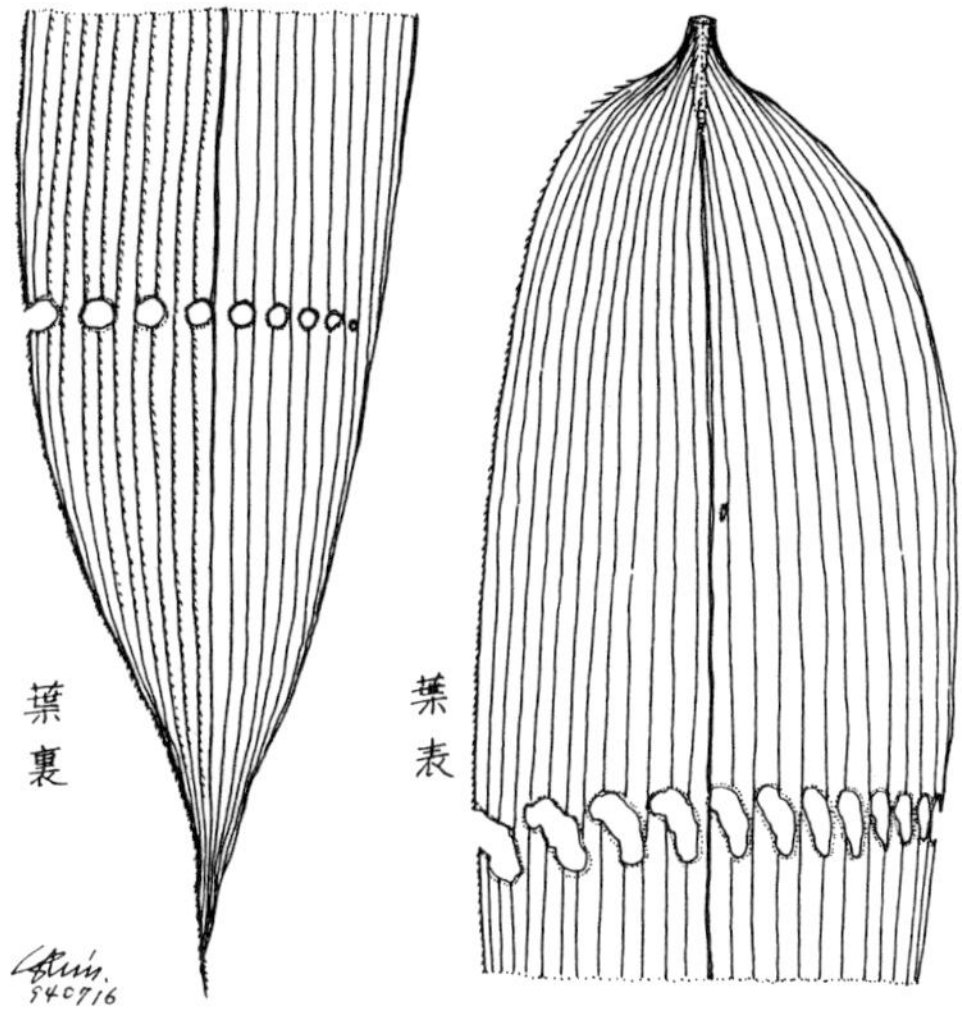

◆学名　*Sasa senanensis*
◆科属　イネ科ササ属
◆季語　仲夏；笹《ささ》の子《こ》、篠《すず》の子《こ》、芽笹《めざさ》、篶《すず》の子《こ》

つた　蔦

わが職場には、石炭ボイラーの大煙突がある。この殺風景なコンクリートの棒を、なんとか緑化してみようと、その地際にツタを植えた。浅い溝を掘って、長い茎を埋めたのである。一年たって、煙突の表面を、緑の紐がいっせいに昇りはじめた。年伸張量は定かでないか、十数年後には、先端の近くまで到達するのではあるまいか。チャペルのような蔦の絡まる塔になる。［遺憾ながら、その後、ことなかれ主義の財産管理者に、根こそぎ抜かれてしまった］

ツタは、茎から短い巻きづるをだし、その先端が吸盤になっているから、壁面でもガラス面でさえ、昇っていけるのである。コンクリート壁に相性がよい。これまでは家壁を飾るのに用いられてきたが、これは修景緑化に応用されるべきである。つまり、ダム、道路法面、橋などの人工コンクリート壁面を、緑でやさしく包んでしまおう、ということである。数年前、私はこのアイデアを得意になって発表した。ところが、世の中は広いものであって、ツタを道路のモルタル吹きつけ法面に実用化している場所があった。佐渡島の県道であり、新潟県の土木技師の考えであった。そこを見学して、私はあーっと赤面した。そして、ツタ植栽の改良方法を提案してきた。

これは、ブドウ科、ツタ属のつる性木本であり、落葉性で、夏緑性のために、ナツヅタ（夏蔦）とも呼ばれ、広く植栽されている。この樹液は、古来から、甘味料として用いられ、甘茶もこれからつくられた、と言われる。葉には、単葉《たんよう》と複葉《ふくよう》（三小葉）の二型がある。

天狗風のこらず蔦の葉裏哉　与謝　蕪村

青蔦の皆葉尖より雫かな　室積　徂春

◆学名　*Parthenocissus tricuspidata*

◆科属　ブドウ科ツタ属

◆季語　仲春；蔦《つた》の芽《め》。晩春；蔦若葉《つたわかば》、蔦《つた》の若葉《わかば》。三夏；青蔦《あおづた》、蔦青葉《つたあおば》、蔦茂《つたしげ》る、蔦青《つたあお》し、夏蔦《なつづた》。三秋；蔦《つた》、蔦紅葉《つたもみじ》、蔦《つた》かずら。三冬；枯蔦《かれつた》、蔦《つた》枯《か》る

おのえやなぎ　尾上柳・・・・・・・・・・・・・・・

毎年のことながら、ヤナギ属種の同定を、何回か頼まれる。葉や樹形が似ていて、生育場所がほぼ同じで、雑種数が多いことなどが、同定をむずかしくしている。雑種ができやすい、という先入観もある。実際には、雑種はそう多くなく、個体差の大きいケースこそが多いのであるけれども。

同定（種の鑑定）を頼む人びとには、学校の先生が多い。また、ヤナギ編み細工の請負業者もいる。質問者いわく、どうして見分けられるのか？　答え、秘密にしています！　いや、なに、川沿いの林（河畔林）から採れば、半分くらいは、オノエヤナギ（ナガバヤナギ）ですよ。ほかにはエゾノキヌヤナギ、エゾノカワヤナギ、エゾヤナギ、タチヤナギ、ネコヤナギぐらいであって、細葉タイプのものは、どれも編み細工に使えますよ。七夕祭りでは、タケのない北国では、ヤナギを代用する。

オノエヤナギの特徴は？　それがねぇ、下面が粉白でもないし、毛も生えてないし、ただ細長いだけの、際だった特徴がないんですよ。特徴がないのが、特徴ですかねぇ。

和名のオノエヤナギは、尾上柳であり、牧野富太郎先生が、四国の尾根筋で採取されたことから名づけられた。別名のナガバヤナギは、長葉柳であり、北国の河畔林の主要樹種である。北海道では、尾上よりも長葉のほうが相応しい、といつも思う。

これは、ヤナギ科、ヤナギ亜科、ヤナギ属、ヤナギ亜属、キヌヤナギ節に属していて、エゾノキヌヤナギ、キヌヤナギ（植栽）も、同じグループである。

中陰の闇に佇む柳かな　大川つとむ

くたぶれし一夜明けたる柳かな　紺屋　晋

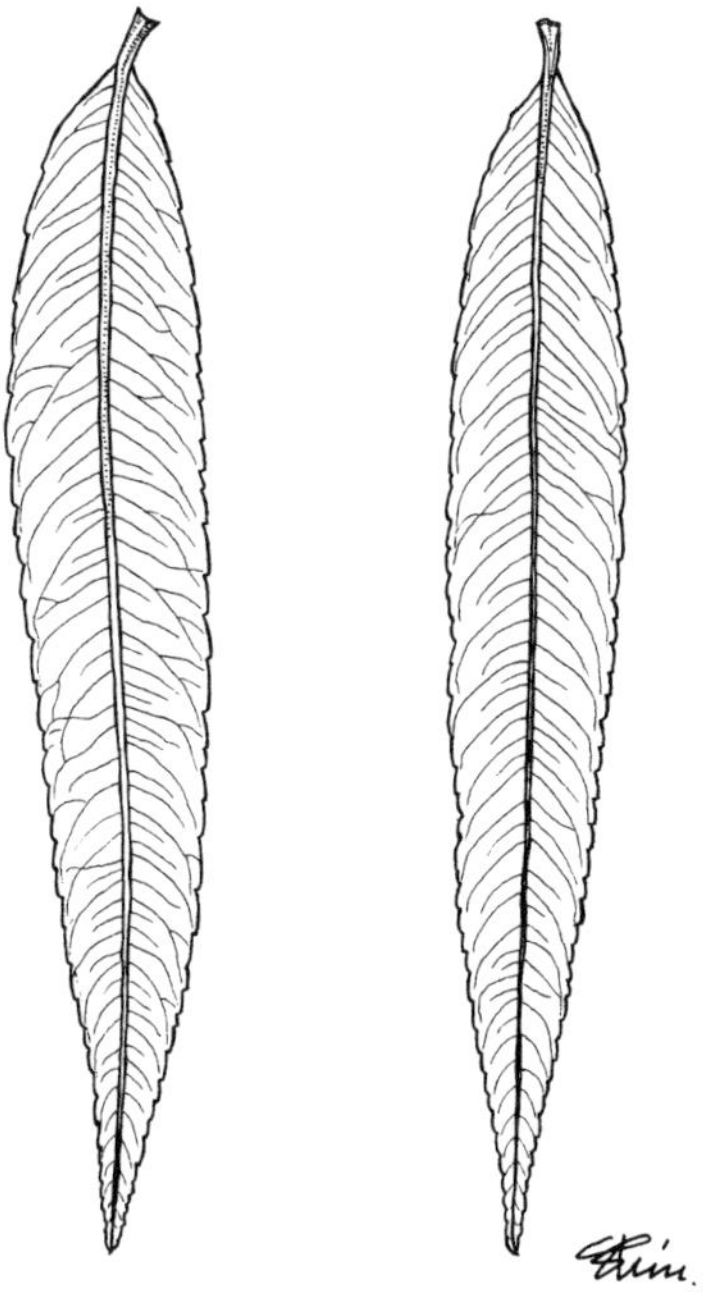

◆学名　*Salix sachalinensis*
◆科属　ヤナギ科ヤナギ属
◆季語　（やなぎ）**仲春**；柳《やなぎ》の芽《め》、芽柳《めやなぎ》、芽《め》ばり柳《やなぎ》。**初夏**；葉柳《はやなぎ》、夏柳《なつやなぎ》、柳茂《やなぎしげ》る

えぞのかわやなぎ　蝦夷川柳

・・・・・・・・・・・

ヤナギ類には、広葉のもの（英語のサロー、枝挿しが効かない）もある。けれども、川沿いに生育し、枝挿しが有効なグループは、細葉のもの（英語でウィロー）である。そのなかでも、もっとも細い、線形から披針形の葉をもつ種が、エゾノカワヤナギ（蝦夷川柳）である。類似種のカワヤナギは、南方系であって、北海道では、渡島半島以南に分布する。

これは、その名前のとおり、河畔林に生育する。けれども、ふつうに川柳といえば、細葉ヤナギ類全体を指すことが多く、特にこの種を指すわけではないから、注意が必要である。

エゾノカワヤナギは、高さが一〇メートル以上になる。葉は無毛で、細長く、長さが五～一五センチ、幅が一～一・五センチであって、下面が粉白を帯びる。ヤナギ類では、ふつう、開葉の前に開花する（葉前開花《ようぜんかいか》）。けれども、これは、開葉の後に開花し、それゆえ、柳絮《りゅうじょ》の季節も遅くなる。

これは、畦に枝挿しされて、水田地帯の一列防風林（防風生垣）に仕立てられる。また、しばしば、枝挿し育苗された、根つき苗木が買われ、植栽される。現地での枝挿し（直挿し、埋枝《まいし》）なら、苗木代金が不要であるのに、こんな場面でも、流通経済なのであり、補助金制度なのである。

これは、ヤナギ科、ヤナギ亜科、ヤナギ属、ヤナギ亜属、コリヤナギ節に属し、カワヤナギ、コリヤナギ、イヌコリヤナギも同じ仲間である。

ゆっくりと時計のうてる柳かな　久保田万太郎

豊漁のあとの垂れ網夏柳　中村　草田男

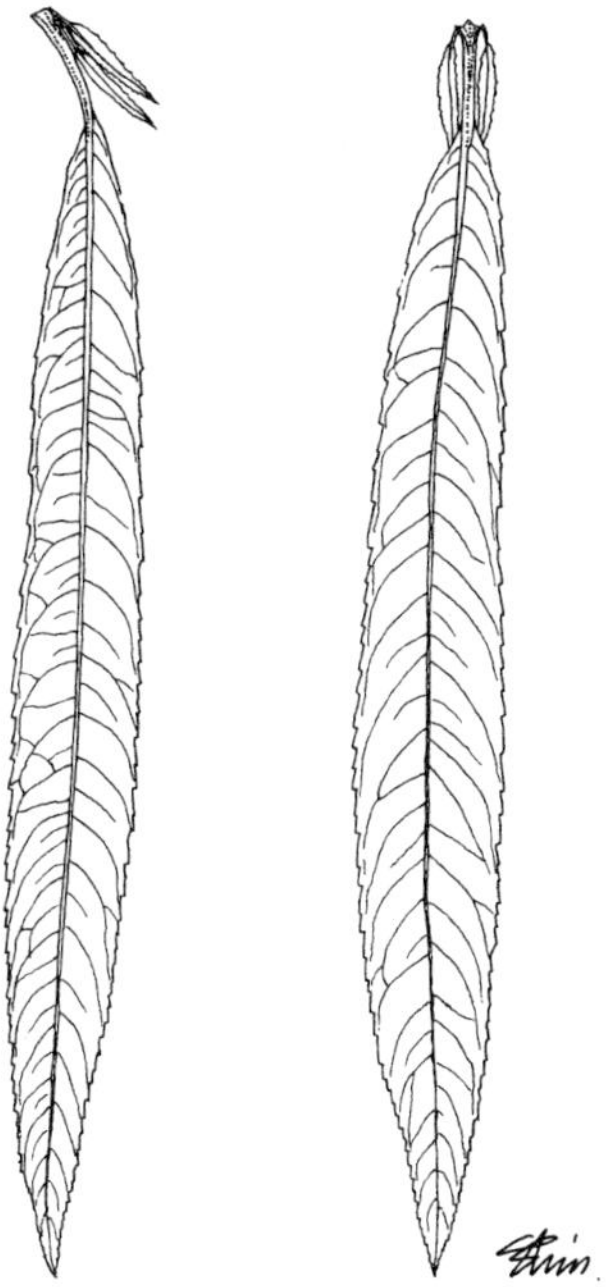

◆学名　*Salix miyabeana*
◆科属　ヤナギ科ヤナギ属
◆季語　（やなぎ）**仲春**；柳《やなぎ》の芽《め》、芽柳《めやなぎ》、芽《め》ばり柳《やなぎ》。**初夏**；葉柳《はやなぎ》、夏柳《なつやなぎ》、柳茂《やなぎしげ》る

ハスカップ2

・・・・・・・・・・・・・・

出張出張、と忙しく出歩いているあいだに、いつか日が短くなったように感じられ、七月半ばを過ぎた。万緑に、白い花の、ノリウツギ（サビタ）やシナノキの花が咲きはじめ、エゾニワトコの果実が早くも熟しはじめた。このあいだの、花が咲いていたハスカップはどうなったか、と見れば、もう、果実が盛りをすぎかけていた。美唄での収穫は、もう、下火となっていた。

ハスカップ（クロミノウグイスカグラ）の果実は、液果《えきか》であり、楕円形をして、紫色ないし黒紫色に熟し、白い粉を吹いている。対生の葉の腋《わき》に、一個ずつ垂下しているけれども、花は、二個ずつついていたはずである。二個の花が、一個の果実になったなんて、片方は、一体、どうなってしまったのか？　果実は横切りしてみると、なんと、二つの果実が入っている！　果実の先にも、二つの花の落ち跡が残っている。二つの花は、花期が終わると、それぞれ果実になるのであるけれども、この二つを包む、苞葉《ほうよう》と呼ばれる器官が多肉化するので、二花から一果しかできないように見える。

道北のさる町では、わが道立林試の協力も得て、組合を設立し、このハスカップ栽培をはじめたのであるけれども、道内だけでも、B市でも、C市でも、T市でも、さらに、ほかの町村でも、これを栽培している。それゆえに、願わくば、消費が伸びることを、生産が過剰にならないことを、剪定と施肥により、果実の生産性が向上することを、生産コストが低下することを、病気がでて、消毒過剰にならないことを、一村一品運動の進展することを、・・・・を、祈念いたしたい。

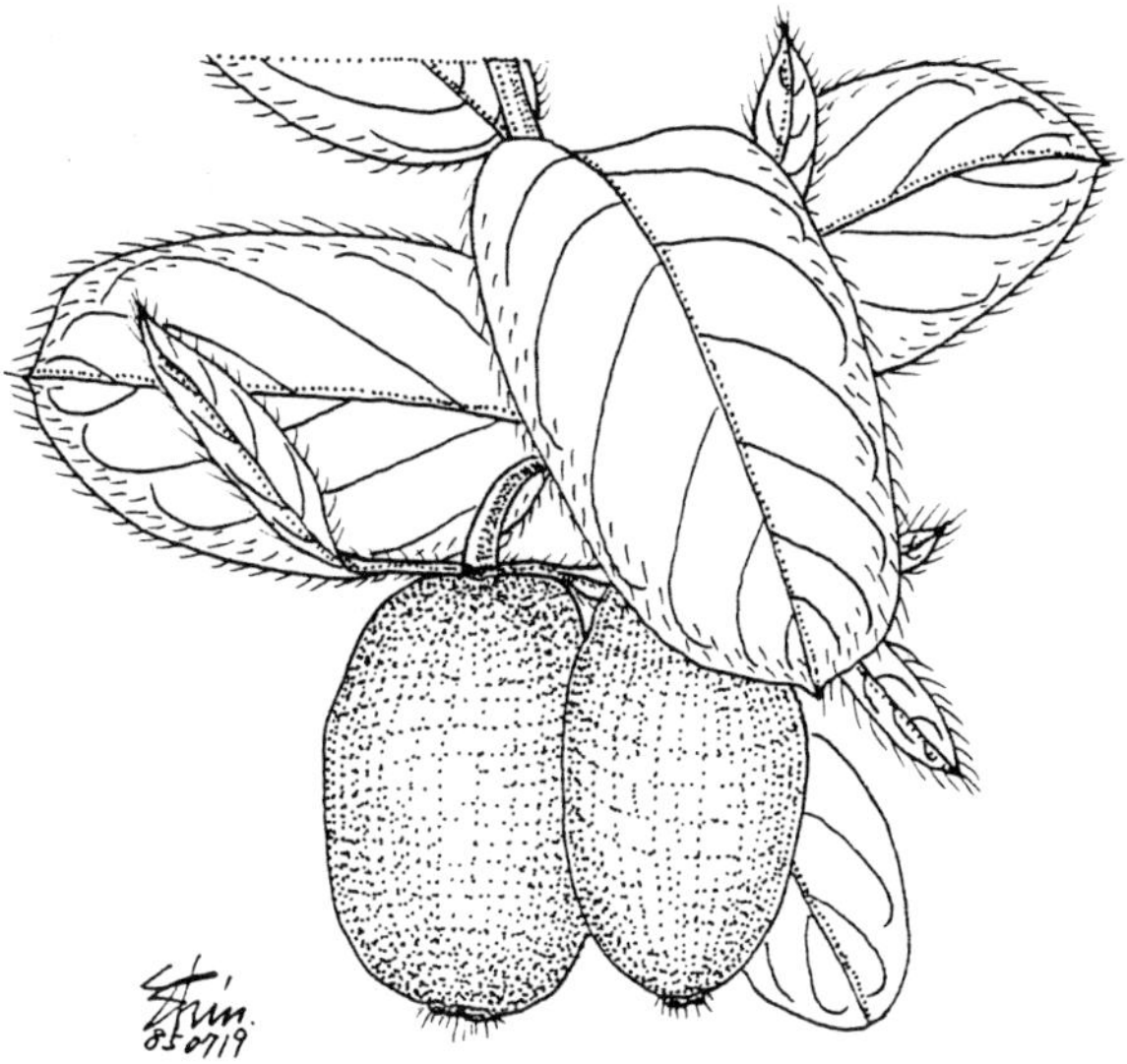

しみじみとグズベリに雨老兆す　長山　遠志

万緑のけふも気圧の谷の中　紺屋　晋

◆学名　*Lonicera caerulea* var. *emphyllocalyx*
◆科属　スイカズラ科スイカズラ属
◆季語　（うぐいすかぐら）晩春；鶯神楽《うぐいすかぐら》

ネグンドカエデ　ネグンド楓・・・・・・・・・・・・・・・

わが道東市場の樹木園には、いろいろな樹種が集植されている。花がよいもの、材を目的とするもの、・・・である。

葉がよいもの、つまり、葉が観賞に堪えるものには、形の美しさ、奇抜さ、常緑性、色変わり、斑入り、そのほかの園芸的な改良品種がある。花より美しい葉もあるのだ。

斑入り品種は、特殊なものである。なにしろ、葉の一部に肝心の葉緑素がなくて、中身のない部分が白抜きになっているのだから、光合成ができない。栄養をあまり生産できない葉だから、毛虫がほとんど寄りつかない。樹体の成長量も小さい。それで、あまり大きくならないことを望み、花も果実も不要で、毛虫がきらいな人びとには、斑入りの品種をお勧めしたい。

斑入り葉のネグンドカエデの複葉《ふくよう》を、一個採り、コピーしたら、白抜きの面積が大きくて、よく写らなかった。黒く写った部分にだけ葉緑素が存在し、トレースして、ペンで点々と打ってみて、こんな欠陥葉では稼ぎが乏しい、と痛感した。

ネグンドカエデは、今日、かつてほど人気がなくなって、別の樹種に植え替えられるケースも増えている。丈夫で長持ちより、ちょっと変わった、弱々しくかわいい方が、気まぐれな人様には、面倒の見がいがあるのかもしれない。

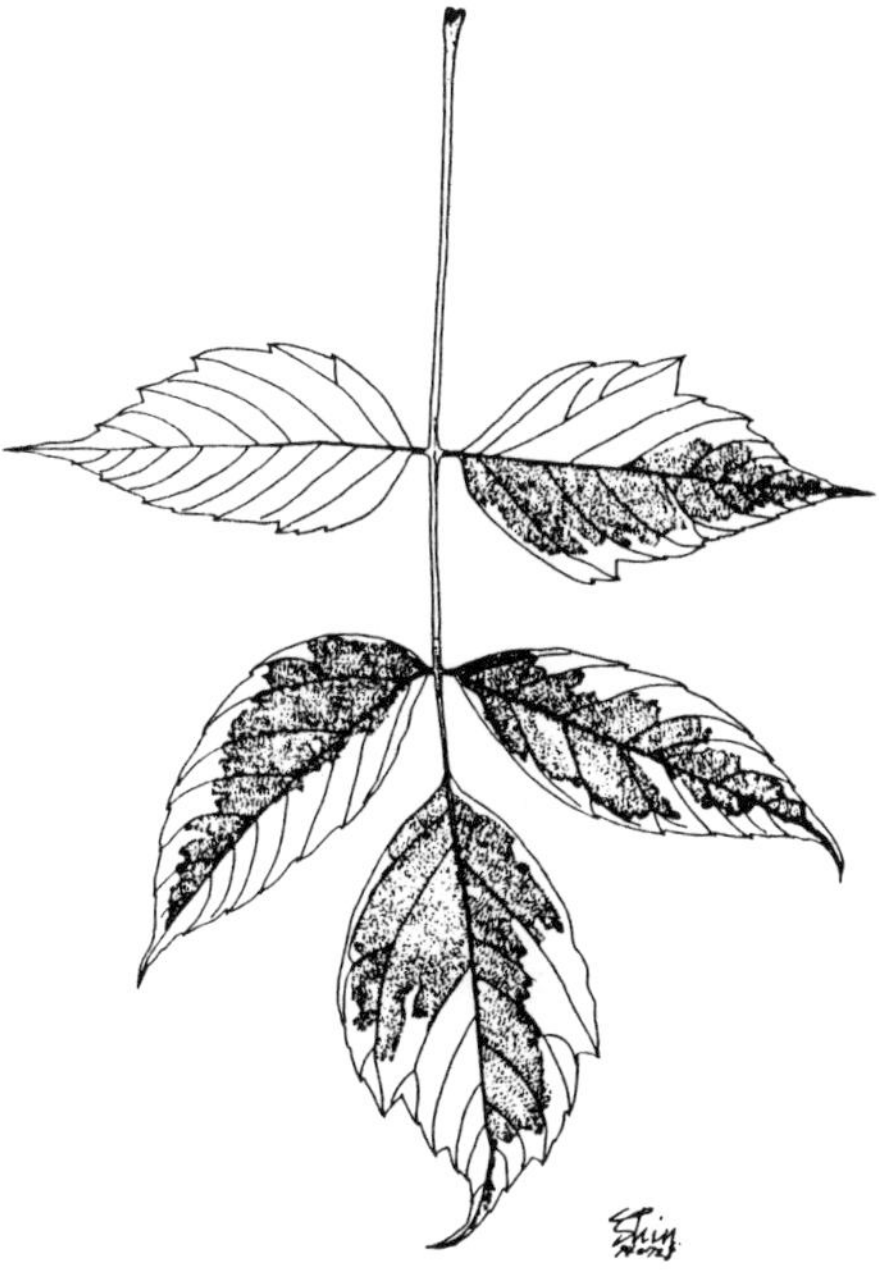

楓おのが青さたのしみ石だたみ　土岐錬太郎
若楓敷石の下駄新しく　森　富枝

◆学名　*Acer negundo*
◆科属　カエデ科カエデ属

やまぐわ 山桑

これは、なんの葉でしょうか？　それでは、これは？　その次には、これは？　最後に、これです！　防災科研究室のS嬢に質問した。四回も首をひねった末に、彼女いわく、もしかして、これらは、みんな同じ木なの？　そうですよ、ヤマグワの葉でして、形が一定していないのですよ、と私が答えた。

ヤマグワの葉（葉身《ようしん》）は、全体として、卵形から広卵形をし、長さが八～二〇センチ、幅が五～一二センチある。しかし、単一タイプよりも、三～五裂片に分かれた、不規則タイプの方がふつうである。和名のクワ（桑）の語源は、くは（食葉）、こは（蚕葉）であり、蚕（カイコガの幼虫）が食べる葉を意味する。

クワは、中国産のトウグワ（マグワ）を指し、わが国でも、養蚕用に広く栽培されてきた。けれども、寒さが厳しい東北から北陸地方では、自生のヤマグワ（山桑）が栽培され、多くの地方品種がつくりだされてきた。また、九州方面では、やはり中国産の、ロソウ（魯桑）が栽培されてきた。

ヤマグワは、クワ科、クワ属の、落葉性の広葉樹であり、小高木であって、高さが一〇メートル、胸高直径が六〇センチにもなる。これは、日本の各地に広く分布し、広葉樹林の下生え（亜高木層の構成種）となり、耐寒性にとむ。木材は、やや硬く、工作しやすく、家具や彫り物に利用される。身近なものでは、擂り粉木があり、琵琶の胴にも用いられてきた。

初夏のみちぬれそむ雨に桑車　飯田　蛇笏

雨雲や青葉がくれに桑の花　紺屋　晋

◆学名　*Morus australis*

◆科属　クワ科クワ属

◆季語　**晩春**；桑《くわ》の芽《め》、桑《くわ》の花《はな》、桑畑《くわばたけ》、やまぐわの花《はな》。**仲夏**；桑《くわ》の実《み》、桑苺《くわいちご》。**三夏**；夏桑《なつぐわ》。**初秋**；秋桑《あきぐわ》、秋《あき》の桑《くわ》

ほおのき　朴の木

浄錬忌俳句会に出席して、本堂で和讃をとなえた後に、朴の葉に盛られたデザートをいただいた。お寺の境内の一本が伐り倒されたおりに、この日のために、葉が採られ、冷蔵されていた、というように伺った。夏向きで、涼しく、洒落ているけれども、今様にいえば、フィトンチッドの働きにより、デザートの果物が、腐りにくくなるからであろう。

朴の葉は、きわめて大きく、長さが五〇センチに達するものさえある。このサイズは、広葉樹の単葉《たんよう》としては、わが国で最大のものである。厚い、革質の葉身《ようしん》と、短く、太い葉柄《ようへい》とからなり、団扇の替わりにあおげば、青嵐が吹きそうに見える。ただし、実際には、あおいでも、柔らかすぎて、風は弱い。

昔の旅人は、家にあれば、椀に盛った飯を、野にでると、シイの葉、カシの葉に盛って食べた、という。カシワの葉も用いられた。炊ぐ葉から、カシワになった、ともいわれる。これらの葉に比較して、ホオノキの葉は、ずーっと大きく、一家用ないし団体用であったかもしれない。先祖を想い、親しい人へのもてなしのためにも、庭にホオノキの一樹を育てておきたいものである。

ホオノキは、モクレン科、モクレン属の高木であり、高さが三〇メートル、直径が九〇センチにもなる。その木材は、割れにくく、下駄の歯、版画板、鎌倉彫など、いろいろに用いられてきた。

花終へし朴ふかぶかと闇ふやす　きくちつねこ

朴の葉に苺盛られし浄錬忌　三栖　菜穂子

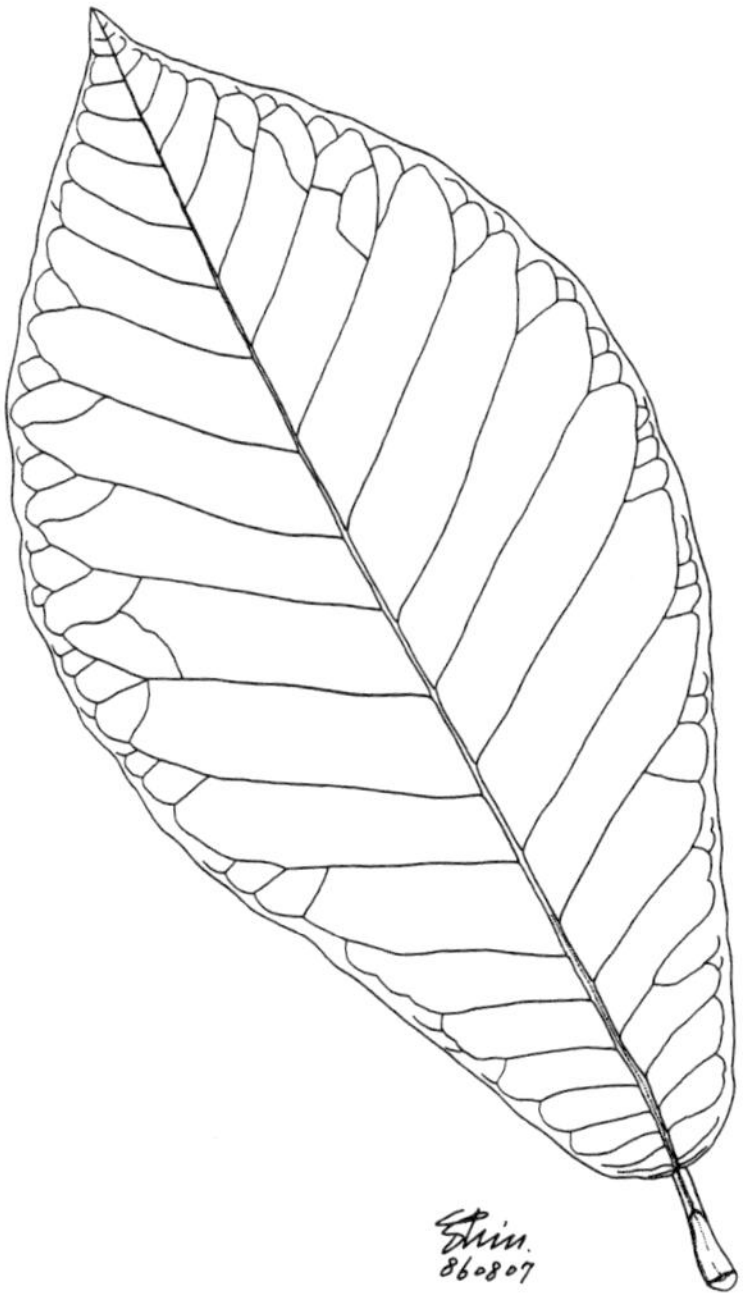

◆**学名**　*Magnolia hypoleuca*

◆**科属**　モクレン科モクレン属

◆**季語**　**初夏**；朴《ほお》の花《はな》、厚朴《ほお》の花《はな》、朴散華《ほおさんげ》。**晩秋**；朴《ほお》の実《み》。**初冬**；朴落葉《ほおおちば》

みずなら　水楢

林間学校での、植物講師の役割は、子供たちに、自然における植物の役割を教え、人間とのかかわりに関心を高めることにある、と思われる。「地球の緑のピンチ」の時代において、光合成の働きを理解し、二酸化炭素の固定、大気の浄化、そのほかの環境保全機能を重視して、植物を大切にしてゆく必要がある。

まず、名前を覚えることから、すべてがはじまる。樹木の場合には、葉で覚える。花や果実は、必ずしも見られないから、葉を枝から、そっと採る。ノートに挟む。コピーする。スケッチする。探検マップに貼る。触れて、観て、手で覚える。もちろん、図鑑にも相談する。このようにして、他樹種とのちがいを体得する。

柏餅の連想からか、ミズナラの葉は、しばしば、カシワの葉とまちがわれる。そこで、特徴を指摘する。ミズナラの葉は、ほとんど毛がなく、鋸歯《きょし》が鋭くとがる。他方、カシワの葉は、下面に密毛があり、鋸歯が丸い、と。また、カシワは、海岸線から丘陵地帯まで生育する。他方、ミズナラは、海岸線から山地にまで、より広く生育している、とも。

ミズナラは、ブナ科、コナラ属、コナラ亜属のうち、コナラ節に属し、落葉性の、広葉・高木であり、高さが三〇メートルに、直径が一〇〇センチ以上に達する。これは、日本各地に分布し、大陸方面には、母種のモンゴリナラが分布している。これは、北海道の代表的な樹木であり、巨木にもなって、ミズナラ・シナノキ・イタヤカエデ林の主要な構成者であって、最良の有用樹でもある。この木材は、オークウッドとして、家具に用いられ、かつて、ジャパニーズ・オークウッドとして、小樽港から、イギリスへ輸出されていた。

楢山に栗鼠来て杣の冬支度　　相川　育洋

霰過ぎ月に鳴りだす楢林　　長山　遠志

◆学名　*Quercus mongolica* var. *grosseserrata*
◆科属　ブナ科コナラ属
◆季語　晩秋；楢《なら》の実《み》、どんぐり、楢紅葉《ならもみじ》

参考文献

青葉　高　『日本の野菜　果菜類・ネギ類』一九八二年　八坂書房
青葉　高　『　同　　葉菜類・根菜類』一九八三年　八坂書房
大井次三郎（著）北川政夫（改訂）『新日本植物誌　顕花篇』一九八三年　至文堂
北村四郎他（総監修）『週刊朝日百科　世界の植物』全一二〇号　一九七五～七八年　朝日新聞社
斎藤新一郎『北方の植物』一九九七年　（私家版）
斎藤新一郎『木と動物の森づくり――樹木の種子散布作戦』二〇〇〇年　八坂書房
斎藤新一郎『ヤナギ類――その見分け方と使い方』二〇〇一年　北海道治山協会
佐竹義輔他（編）『日本の野生植物　Ⅰ・Ⅱ・Ⅲ』一九八一・八二年　平凡社
佐竹義輔他（編）『日本の野生植物　木本Ⅰ・Ⅱ』一九八九年　平凡社
佐藤　達夫『植物誌』一九六六年　雪華社
四手井綱英・斎藤新一郎『落葉広葉樹図譜――冬の樹木学』一九七八年　共立出版
塚本洋太郎（監修）『園芸植物大事典』全六巻　一九八八～九〇年　小学館
鄭万鈞（主編）『中国樹木誌　Ⅰ・Ⅱ』一九八三・八五年　中国林業出版社
原田良平（監修）『学研の図鑑　くだもの』一九八一年　学習研究社
満久　崇麿『仏典の植物』一九九五年　八坂書房
水原秋櫻子他（監修）『カラー図説　日本大歳時記』一九八三年　講談社
モルデンケ、H&A（共著）奥本裕昭（編訳）『聖書の植物』一九八一年　八坂書房
『図説俳句大歳時記』全五巻　一九七三年　角川書店

【マ　行】

【ヤ　行】

【ラ行・ワ行】

【ナ　行】

【ハ　行】

【サ　行】

【タ　行】

索 引

【ア 行】

【カ 行】

著者紹介

斎藤新一郎（さいとう・しんいちろう）

1942年、横浜市生まれ。

北海道大学農学部林学科卒、同大学大学院農学研究科博士課程中退。

1970年から、北海道立林業試験場勤務、道東支場長を経て、退職。

1995年から、専修大学北海道短期大学に勤務し、育林学、砂防工学、環境緑化技術、ほかを講義している。

現在：専修大学北海道短期大学教授

おもな著書・訳書：

『落葉広葉樹図譜　－冬の樹木学－』（共立出版、1978年）

『オンコ』（北海道新聞社、1986年）

『みどりの環境づくりの手引』（北海道国土緑化推進委員会、1993年）

『防風林』（R. J. van der リンデ著、北海道立林業試験場、1991年）

『木と動物の森づくり　－樹木の種子散布作戦－』（八坂書房、2000年）

『ヤナギ類　－その見分け方と使い方－』（北海道治山協会、2001年）

ほか多数。また、こうやすすむのペンネームで、

『どんぐり』（福音館書店、1983年）

『ピーナッツ なんきんまめ らっかせい』（福音館書店、1987年）

など、絵本も多数手がけている。

植物の歳時記　春・夏

2003年3月25日　初版第1刷発行

著　者　斎藤新一郎

発行者　八坂立人

印刷·製本　モリモト印刷(株)

発行所　（株）八坂書房

〒101-0064 東京都千代田区猿楽町1-4-11

TEL 03-3293-7975　FAX 03-3293-7977

郵便振替　00150-8-33915

ISBN 4-89694-825-4

関連書籍の御案内

木と動物の森づくり
—樹木の種子散布作戦
斎藤新一郎著

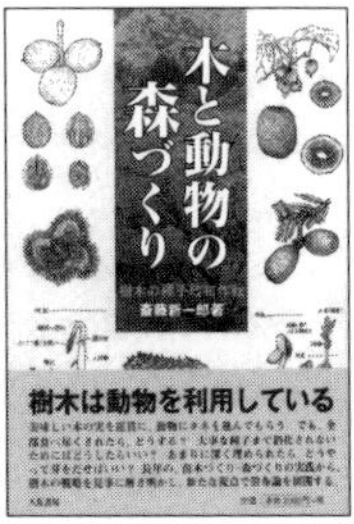

樹木や草花はどのようにしてタネを遠くに散布するのだろうか？　おいしい果実を提供して動物を引きつける植物の戦略を中心に、動物や風の力を借りて分布を広げる植物と、森に頼って生活する動物たちの共進化の世界をやさしく解説する。　2000円

花ごよみ花だより
八坂書房編

日本には四季折々美しい花が咲く。毎日、通う道で、花壇や街角で、季節ごとに出会う366の花を集めて編んだ花ごよみ。名前の由来や伝来、利用などその花にまつわる話を、美しいカラー写真とともに紹介。花言葉や学名までも添えて、身近な花をもっと身近に。　2000円

（価格は本体価格）